职业技能鉴定教材
微软办公系列国际专业认证

Office 2010实用教程
（MOS大师级）

主 编 赫 亮

副主编 徐方勤 谷新胜

电子工业出版社.

Publishing House of Electronics Industry

北京·BEIJING

内 容 简 介

本书为微软办公软件国际认证（MOS）的指定教程，涵盖了 Word 2010 专业级、Word 2010 专家级、Excel 2010 专业级、Excel 2010 专家级和 PowerPoint 2010 专业级的全部考核要点。教程采用任务驱动的形式，系统性地介绍了每个考核领域最重要的知识点和能力点。在每一个任务之前，还配有该任务的应用解析，以帮助读者深入了解所学内容如何在实际工作中进行应用。教程中全部案例的素材、完成效果和视频解答都可以在相关支持网站上下载。此外，本教程还附赠了 MOS 认证 Outlook 2010 科目和 Access 2010 科目的完整视频题解。

本书适合作为微软办公软件国际认证的培训和备考教程，同时也可以作为院校师生和企事业工作人员提升自身文书排版、数据分析和简报演示等能力的参考用书。

图书在版编目（CIP）数据

Office 2010实用教程：MOS大师级 / 赫亮主编. —北京：电子工业出版社，2015.3

ISBN 978-7-121-24701-9

Ⅰ. ①O… Ⅱ. ①赫… Ⅲ. ①办公自动化—应用软件—教材 Ⅳ. ①TP317.1

中国版本图书馆CIP数据核字（2014）第257729号

策划编辑：肖博爱

责任编辑：郝黎明

印　　刷：北京七彩京通数码快印有限公司

装　　订：北京七彩京通数码快印有限公司

出版发行：电子工业出版社

　　　　　北京市海淀区万寿路 173 信箱　邮编：100036

开　　本：787×1 092　1/16　印张：17.25　字数：441.6 千字

版　　次：2015 年 3 月第 1 版

印　　次：2019 年 8 月第 3 次印刷

定　　价：35.00 元

凡所购买电子工业出版社图书有缺损问题，请向购买书店调换。若书店售缺，请与本社发行部联系，联系及邮购电话：(010) 88254888。

质量投诉请发邮件至 zlts@phei.com.cn，盗版侵权举报请发邮件至 dbqq@phei.com.cn。

服务热线：(010) 88258888。

微软的 Office 办公软件在欧美一些国家又被称为"商业生产力套件"（Business Productivity Suite），这个称呼很准确地反映了 Office 软件的价值所在。卓越的 Office 软件应用技能，意味着更佳的工作效果，达成很多以前可望而不可即的目标；还意味着更高的工作效率，以往需要大量时间和人力的工作会变得一挥而就。但遗憾的是，很多 Office 使用者由于应用水平较低，手握这样一件威力无穷的武器，却难以发挥其效力。微软办公软件国际认证（MOS）作为美国微软公司全球唯一认可的 Office 应用技能的国际标准，是帮助使用者迅速掌握 Office 软件正确的使用方法和应用技巧的一把钥匙。

本教材及教材配套的资源涵盖了 MOS 2010 中文认证的所有科目。其中 Word 2010 和 Excel 2010 部分，由较为基础的专业级（Core）和难度较高的专家级（Expert）两个部分组成，对于专家级的内容，在教材的目录中做了相应的标识，对于只参加专业级认证的考生，可以作为选学内容。Outlook 2010 和 Access 2010 部分，由于需要认证的考生数量较少，为节省篇幅，将完整的认证模拟题目、素材以及视频解答都作为配套资源提供，学习者可以自行下载。

本书的组织方式

本书分为四个篇章，学习者可以根据自己的需要，直接阅读相应章节。

第一篇　微软办公软件国际认证（MOS）介绍：读者如果希望了解有关 MOS 的详细信息、认证科目以及考前的准备工作和考后证书的查看等内容，可以参考此部分；

第二篇　Word 2010 应用：分为 11 个单元，涵盖了 Word 2010 专业级和 Word 2010 专家级的全部考核要点；

第三篇　Excel 2010 应用：分为 7 个单元，涵盖了 Excel 2010 专业级和 Excel 2010 专家级的全部考核要点；

第四篇　PowerPoint 2010 应用：分为 6 个单元，涵盖了 PowerPoint 2010 专业级的全部考核要点。

全书以任务导向的形式，对相应科目培训及认证内容做了系统性的讲解。即使是之前对于 Office 软件比较陌生的读者，也可以按照任务中的题解步骤，一步步操作完成。这里要提醒读者的是，每一个任务之前都有该任务的应用解析，部分任务后面还有关联的能力讲解。对于已经具备一定基础的读者，通过这部分内容，可以思考如何将每个任务中所介绍的能力项目应用到实际工作之中。

配套资源

教材中案例相关的资源以及附赠资源，可以在支持网站下载。

教材配套资源：

● 第二篇　Word 2010 应用：案例素材、案例效果和视频解答；
● 第三篇　Excel 2010 应用：案例素材、案例效果和视频解答；
● 第四篇　PowerPoint 2010 应用：案例素材、案例效果和视频解答。

附赠资源：

● MOS Outlook 2010 专业级国际认证题解：模拟题、案例素材、案例效果和视频解答；
● MOS Access 2010 专业级国际认证题解：模拟题、案例素材、案例效果和视频解答。

以上资源下载网址为：http://www.hxedu.com.cn。

编写人员

从 2011 年到 2013 年，在美国微软举办的全球信息化能力大赛中，中国代表队取得了优异的成绩，获得了 3 届 Excel 项目的世界冠军和 1 届 PowerPoint 2010 项目的世界亚军。本书由该赛事中国代表队总教练侯冬梅教授担任顾问与策划，由教练组成员徐方勤、赫亮和谷新胜共同编写。具体章节分配如下：

● 第一篇　微软办公软件国际认证（MOS）介绍：　　　　赫亮
● 第二篇　Word 2010 应用　　　　　　　　　　　　　　徐方勤
● 第三篇　Excel 2010 应用　　　　　　　　　　　　　　赫亮
● 第四篇　PowerPoint 2010 应用　　　　　　　　　　　谷新胜

全书由赫亮统稿，教材配套和附赠资源由赫亮录制。

信息反馈

欢迎专家和读者就本书和相关内容提出意见和建议，我们的信息反馈方式是：

电子邮件：510907285@qq.com

编　者

目录

微软办公软件
国际认证（MOS）介绍

一、什么是 MOS？

Microsoft Office Specialist（MOS）中文称为"微软办公软件国际认证"，是美国微软公司全球唯一认可的 Office 应用技能测试的国际性专业认证，在全球获得了 100 多个国家和地区的认可，至 2012 年全球已经有超过 1000 万人次参加考试，可使用英文、日文、德文、法文、阿拉伯文、拉丁文、韩文、泰文、意大利文、芬兰文等 20 多种语言进行考试。

MOS 认证的目的是为协助企业、政府机构、学校、主管、员工与个人确认对于 Microsoft® Office 各软件应用知识与技能的专业程度，包括如 Word、Excel、PowerPoint、Access 及 Outlook 等软件的具体实践应用能力。在国外许多实例已证实，通过了 MOS 国际认证标准的使用者具有更高的工作效率，从而为个人乃至企业取得更强的竞争能力。

二、MOS 对于学习者的好处

MOS 认证是全球认可的标准，可以有效引导学习者提高自身工作效率，其主要优势如下。

◆ MOS 认证为全球众多知名企业所认可，很多企业将该标准作为录用和培训员工的参考标准。求职者通过了 MOS 认证，将有助于在激烈的求职竞争中脱颖而出。

◆ MOS 认证获得了全球主要学术及行业组织的认可，例如，MOS 获得美国教育委员会（ACE）的认可，可以抵免部分课程的学分。学习者在进一步深造时，持有 MOS 认证，能够有更多机会申请到理想的学习位置。

◆ 微软办公软件全球认证中心每年夏天会举办基于 MOS 标准的全球信息化能力大赛，中国赛区的选拔赛也于同年度的 5 月份举办，我国选手自 2010 年以来，先后取得了 Excel 和 PowerPoint 等多个项目的世界冠军和亚军。学习者在参加 MOS 认证的同时，也将有机会参与 MOS 中国乃至全球大赛的竞技，为未来的发展增添动力。

◆ 通过 MOS 的培训和认证，学习者将会在 Office 应用技能方面取得飞跃，从而极大提升自身的工作效率和工作水准，创造个人的优势。

三、MOS 认证的科目

MOS 认证分为三个层次，分别为专业级（Core）、专家级（Expert）和大师级（Master），目前提供的考试版本主要有 Office 2003、Office 2007 及 Office 2010，具体的认证科目见下表，考试者可以选取任意一个版本的任意一个科目来参加认证，每通过一个科目，都会得到相应的国际认证证书，认证证书由美国微软现任的 CEO 签发。对于有需要的学习者，如果通过了 MOS 认证中的三个必考科目和一个选考科目之后，除了获得单科证书之外，还会获得 MOS 大师级的国际认证证书，作为对于 Office 套件中各个软件全面掌握及协同应用能力的证明。需要注意的是，如果学习者希望取得大师级的国际认证证书，那么所通过的四个考试科目必须为同一版本，如 Office 2010 中的科目，才能够取得该证书。

MOS 每门考试的满分是 100 分，作答时间为 50 分钟，通过的成绩会依据各个科目的难度及全球的平均水准而各不相同，以 MOS 2010 为例，目前的通过成绩要求正确率在 70% 左右。考试在线进行，完全为实际操作类题目，要求考试者能在规定时间内，正确高效地完成这些任务，考完后，在线提交成绩，当场就可以看到考试分数及包含各个部分正确率的成绩单。

专业级	专家级	大师级
通关任何一个科目，可以获得相应科目的专业级（Specialist）国际认证证书	通关任何一个科目，可以获得相应科目的专家级（Expert）国际认证证书	通过三个必考科目和一个选考科目可以获得大师级（Master）国际认证证书
• Word • Excel® • PowerPoint® • Access® • Outlook®	• Word Expert • Excel® Expert	必考 • Word Expert • Excel® Expert • PowerPoint® 选考 • Outlook® 或 Access®

四、认证考试前的准备工作

对于第一次参加 MOS 考试的学习者，需要在网上注册考试的账号，包含用户名和密码，在参加认证时，需要登录这个账号，才能考试。具体步骤如下：

❶ 打开微软办公软件全球认证中心（Certiport）的网址 "www.certiport.com"；
❷ 单击 "Register" 按钮；

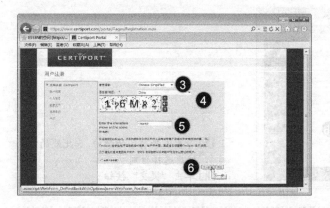

❸ 在开启的注册页面中，确认首选语言为 "Chinese Simplified"；
❹ "居住国／地区"的下拉菜单中选择"China"选项；
❺ 输入上方图文区中的验证码，请注意英文字母区分大小写；
❻ 单击"下一步"按钮，进入下一个页面；

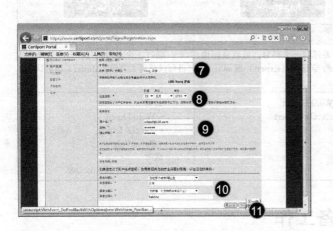

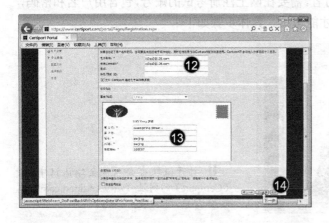

7 以某位姓名为"罗扬"的考生为例，在"姓氏"文本框输入"LUO"，在"名字"文本框输入"Yang 罗扬"（中英文之间请输入一个空格），如果考生不需要输入中文姓名，那么也可以只输入姓名的汉语拼音。注意：在注册过程中，凡是带有红色星号的项目都是必须填写的，其他项目则不必填写，如此处的"中间名"保持为空即可；

8 输入考生的出生日期；

9 输入考试账号的用户名和密码（此处用该考生的电子邮件信箱地址作为用户名，读者也可以选择其他适合的名称），这里输入的信息，考生需要在注册后牢记，今后考试及成绩查询，都需要输入此用户名和密码；

10 输入安全问题及答案，以备在密码忘记时，验证身份；

11 单击"下一步"按钮；

12 输入考生的电子邮件地址；
13 输入考生的通信地址；
14 单击"下一步"按钮；

15 考生选择自己的身份，如此处的"学生"，然后选择性别；
16 单击"提交"按钮；

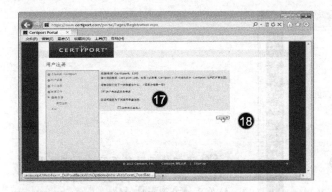

17 选中"进行考试或准备考试"复选框;

18 单击"下一步"按钮;

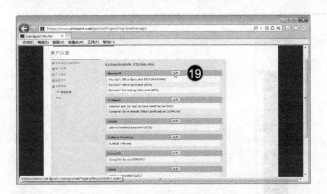

19 以上已经完成了考试账号的注册,但要进行考试,考生还需要注册考试课程,为了参加 MOS 考试,此处单击"Microsoft"组右侧的"注册"按钮;

20 在开启的"Microsoft 注册"页面中,单击"使用我的 Certiport 档案信息"按钮,会自动导入之前注册的信息;

21 这个页面左侧的必填字段只能接受罗马字符,由于之前注册的考生姓名包含中文字符,所以无法导入,请重新填写,并且只填写姓名的汉语拼音(如果之前地址是用中文填写的,那么此处也需要使用英文重新填写一遍);

22 查看"Microsoft 保密协议"和"隐私条款",并选择接受;

23 单击"提交"按钮;

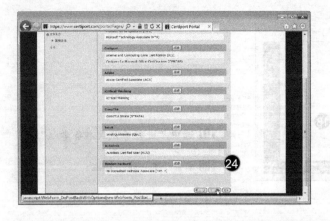

24 返回注册课程页面后，可以看到"Microsoft"组显示为已经注册状态，直接单击"下一步"按钮；

25 单击"完成"按钮；

26 完成注册后的画面如图所示，此时考生已经进入到了刚刚注册的考生账户中，在参加完考试后，可以在这个账户里查看自己的成绩及电子证书。

五、查看成绩单及电子证书

考生通过认证后，考试的成绩单及电子证书都储存在其所注册的考试账号中，在需要的时候，可以随时登录考试账号查看。其步骤如下：

❶ 打开微软办公软件认证中心网站"www.certiport.com"，单击右上角"LOGIN"按钮；

❷ 在考生输入用户名和密码后，会进入考试账户，单击上方的标题为"Show the world you dit it."的图片，在开启的页面中可以找到电子成绩单和电子证书；

❸ 证书中包含考生的姓名、通过认证时间、通过科目等信息，在证书的左角，还可以看到 MOS 认证的验证代码。考生在未来求学或者求职过程中，申请的学校或者企业可以在证书右下角所列网址验证证书的真伪。

第二篇

Word 2010应用

单元 1

创建、保存和查看 Word 文档

任务 1-1　应用模板创建文档

使用样本模板"市内报告"创建一个新文档，将文档标题设置为"ABC 公司年终报告"，并以名称"2013 年度报告"将文档另存为到"文档"文件夹中。

➡ 素材文档：W01-01.docx
➡ 结果文档：W01-01-R.docx

任务解析

使用者可以从一个空白文档创建新的 Word 文档，也可以在现有文档基础上创建文档。除此之外，Word 2010 及微软网站上（Office.com）还内置了各种模板，使用者可以根据所要创建的文档类型，根据模板建立新的文档，并在模板基础之上，做符合自身需要的编辑。

解题步骤

1 单击"文件"选项卡 /"新建"子选项卡；

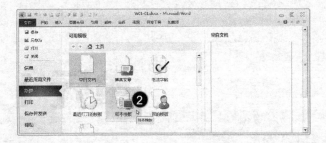

② 选择"样本模板"选项；

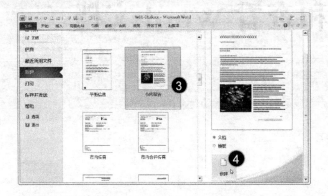

③ 在"样本模板"选项中选中"市内报告"模板；
④ 单击右侧"创建"按钮；

⑤ 在由"市内报告"模板新建立的文档中，单击"键入文档标题"控件；

⑥ 在控件中输入"ABC公司年终报告"；

⑦ 单击"文件"选项卡／"另存为"子选项卡；

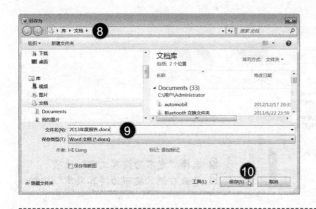

8 在打开的"另存为"对话框中，将文档的保存路径切换到"文档"文件夹；
9 输入文件名"2013年度报告"；
10 单击"保存"按钮；

11 完成效果如左图所示。

任务1-2 将文档发布为博客文章

根据当前文档，创建一篇博客文章，用名称"哲学的历史"将文档另存为到"文档"文件夹中，并将文档状态保留为未发布和已打开。

➤ 素材文档：W01-02.docx
➤ 结果文档：W01-02-R.docx

任务解析

使用者创建完成的文档，除了保存为 Word 文件之外，还可以按照不同用途进行发布，例如，直接作为电子邮件发送，发送到 SharePoint 服务器及直接发布为网站博客上的文章。

解题步骤

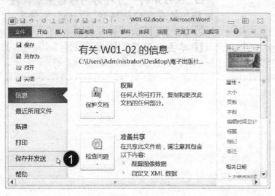

1 单击"文件"选项卡 /"保存并发送"子选项卡；

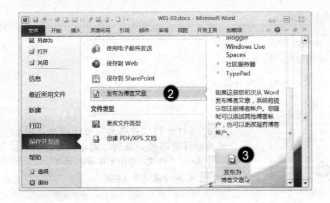

② 选择"发布为博客文章"选项；
③ 单击右侧"发布为博客文章"按钮；

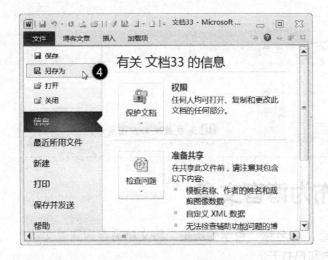

④ 可以看到，Word 2010 中已经新建立了一篇博客文章，并出现了"博客文章"选项卡，直接单击"文件"选项卡 /"另存为"子选项卡；

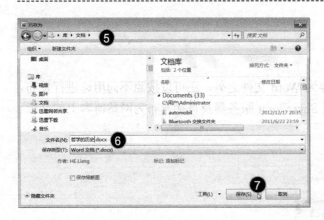

⑤ 在打开的"另存为"对话框中，将文档的保存路径切换到"文档"文件夹；
⑥ 输入文件名"哲学的历史"；
⑦ 单击"保存"按钮；

⑧ 完成效果如左图所示。

任务 1-3　将 Word 文档保存为模板

不改变文件名，将文档另存为"Word 模板"类型，保存位置为"文档"文件夹。

➡️素材文档：W01-03.docx

➡️结果文档：W01-03-R.docx

任务解析

如果一个文档中包含的内容或者格式，使用者在此后要经常使用，那么可以将这个文档保存为 Word 模板。今后，可以直接根据这个模板来创建新的 Word 文档。

解题步骤

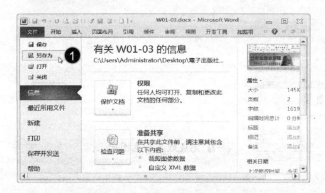

❶ 单击"文件"选项卡 /"另存为"子选项卡；

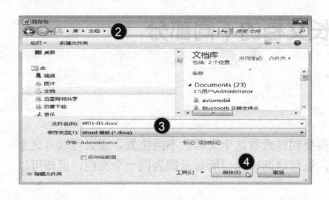

❷ 在打开的"另存为"对话框中，将文档的保存路径切换到"文档"文件夹；

❸ 单击"保存类型"下拉按钮，在列表中选择"Word 模板（ *.docx）"选项；

❹ 单击"保存"按钮；

任务1-4 同时查看和比较多个文档

同时显示文档 W01-04-A.docx 和文档 W01-04-B.docx，以便并排查看这两个文档的第一页。

➡素材文档：W01-04-A.docx；W01-04-B.docx

任务解析

对于两个近似的文档，有时使用者需要在计算机屏幕上同时打开和查看，以便比较文档之间的差别。这时，可以使用 Word 2010 中的并排查看功能，并且可以进一步选择并排查看的文档是否需要同步滚动。

解题步骤

❶ 同时打开文档 W01-04-A.docx 和文档 W01-04-B.docx（确保只有这两个 Word 文档处于打开状态），在文档 W01-04-A.docx 中单击"视图"选项卡/"并排查看"按钮；

❷ 完成效果如左图所示。

任务1-5 同时查看长文档的不同部分

在标题"历史"之前，拆分文档。

➡素材文档：W01-05.docx

任务解析

对于长篇幅的文档，使用者有时需要同时查看这个文档的不同位置。那么可以将这个文档在计算机屏幕上拆分为两个窗口，虽然这两个窗口所显示的为同一个文档，但却可以显示这个文档的不同部分。

解题步骤

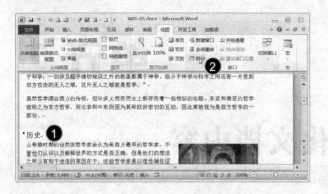

1 在文档中显示出包含标题"历史"的页面；

2 单击"视图"选项卡/"拆分"按钮；

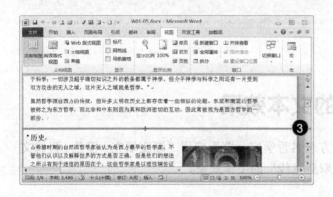

3 此时，在文档页面上，会显示一条灰色水平线,将水平线定位到标题"历史"上方，单击鼠标左键；

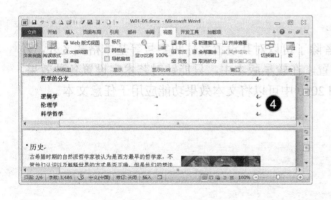

4 完成效果如左图所示，可以看到文档窗口已经被拆分为了两个部分。

单元 2

格式化文档内容

任务 2-1 设置文字的文本效果

对第 5 页中表格上方的标题 "西方著名哲学家一览" 应用 "渐变填充 - 橙色, 强调文字颜色 6, 内部阴影" 的文字效果和 "双删除线" 的字体效果。

➡️素材文档：W02-01.docx
➡️结果文档：W02-01-R.docx

任务解析

对于 Word 文档中的文本，使用者除了可以对其设置字体和字号等基本格式之外，还可以打开字体对话框，做进一步的设置。在较早版本中，只能针对艺术字设置各种效果，如发光、映像和阴影等，但是在 Word 2010 中可以将文本效果功能应用于任意文本。

解题步骤

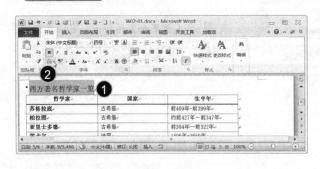

1 选中文档第 5 页中的表格上方的标题 "西方著名哲学家一览"；

2 单击 "开始" 选项卡 / "文本效果" 下拉按钮；

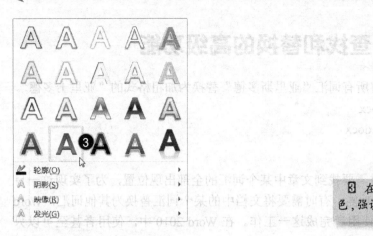

3 在下拉菜单中单击"渐变填充 - 橙色，强调文字颜色 6，内部阴影"；

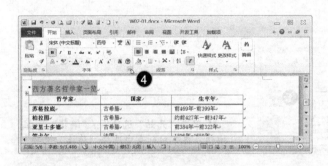

4 单击"文件"选项卡 / "字体对话框启动器"按钮；

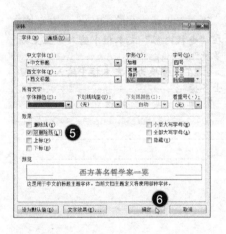

5 在开启的"字体"对话框中，选中效果组的"双删除线"复选框；
6 单击"确定"按钮；

7 完成效果如左图所示。

任务 2-2　应用查找和替换的高级功能

使用查找和替换功能，将所有词汇"亚里斯多德"替换为加粗格式的"亚里士多德"。

➡️素材文档：W02-02.docx

➡️结果文档：W02-02-R.docx

任务解析

文档的编辑过程中，有时需要找到文章中某个词汇的全部出现位置，为了实现这一目的，可以使用 Word 中的查找功能。有时需要将文档中的某个词汇替换为其他词汇，Word 2010 中的替换功能可以帮助使用者完成这一工作。在 Word 2010 中，使用者甚至可以只查找或者替换具有特定格式的某个词汇。

解题步骤

1 单击"开始"选项卡/"编辑"下拉按钮，在下拉列表中选择"替换"选项；

2 在开启的"查找和替换"对话框中，在"查找内容"文本框中输入"亚里斯多德"；

3 在"替换为"文本框中输入"亚里士多德"；

4 单击"更多"按钮；

5 单击"格式"按钮；

6 在向上弹出的列表中，选择"字体"选项；

7 在开启的"替换字体"对话框中，选择"加粗"字形；

8 单击"确定"按钮；

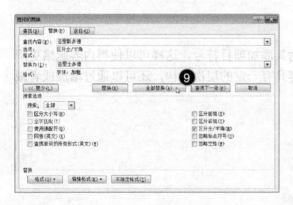

9 单击"全部替换"按钮；

10 在弹出的提示对话框中，单击"确定"按钮；

11 单击"关闭"按钮；

12 替换后的完成效果如左图所示。

任务 2-3　更改项目符号列表的级别

在项目符号列表中，分别将第二、第三和第四项的缩进提高一级。

➡️素材文档：W02-03.docx

➡️结果文档：W02-03-R.docx

任务解析

对于一些较短小的段落，使用者可以为其添加项目符号。这样可以使得内容脉络更清晰，更容易阅读。如果项目符号列表的内容具有一定的层次结构，还可以通过增加或者减少缩进量，为项目符号设置不同的级别。

解题步骤

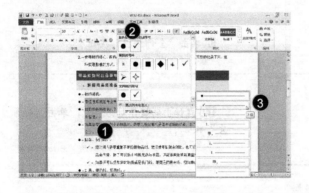

1 选中项目符号列表中的第二、第三和第四项；

2 单击"开始"选项卡/"项目符号"按钮右侧的下拉按钮；

3 在下拉菜单中选择"更改列表级别"选项，在级联菜单中单击"2级"；

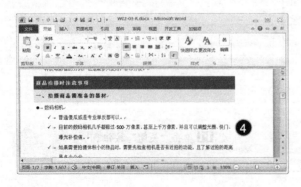

4 完成效果如左图所示。

任务 2-4 自定义项目符号图形

修改文档中的项目符号列表，使用素材文件夹中的"W02-04.png"图形，定义新的项目符号。

➡ 素材文档：W02-04.docx；W02-04.png

➡ 结果文档：W02-04-R.docx

任务解析

在 Word 2010 的项目符号库中，默认提供了多种样式的项目符号。但如果这些样式依然无法满足使用者的要求，还可以自定义新的项目符号。新的项目符号可以使用 Word 中任意一种内置符号，也可以使用外部的图片。

解题步骤

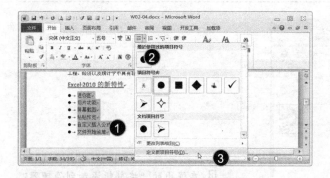

1️⃣ 选中文档中的项目符号列表；

2️⃣ 单击"开始"选项卡/"项目符号"按钮右侧的下拉按钮；

3️⃣ 在下拉列表中选择"定义新项目符号"选项；

4️⃣ 在开启的"定义新项目符号"对话框中，单击"图片"按钮；

5 在弹出的"图片项目符号"对话框中，单击"导入"按钮；

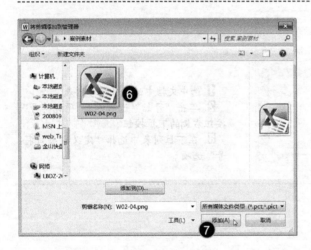

6 在弹出的"将剪辑添加到管理器"对话框中，打开本案例素材所保存的文件夹，选中文档"W02-04.png"；
7 单击"添加"按钮；

8 回到"图片项目符号"对话框后，选中刚刚导入的图片；
9 单击"确定"按钮；

10 此时,可以在预览框中看到,项目符号列表的图形已经被修改,直接单击"确定"按钮;

11 完成效果如左图所示。

任务 2-5 为文档中的文本创建超链接

在文档结尾的文字"更多信息请点击!"上创建指向"http://www.zhexue.com.cn"的超链接。

⇒素材文档:W02-05.docx
⇒结果文档:W02-05-R.docx

任务解析

在 Word 2010 中,可以对某个词汇或者语句添加超链接,链接可以指向文档中的某个位置,如标题或者书签,也可以指向外部的某个文档或者网页。在添加了超链接后,使用者按住 Ctrl 键,同时单击该链接,就可以自动定位到指向的位置,或者打开指向的文档和网页。

解题步骤

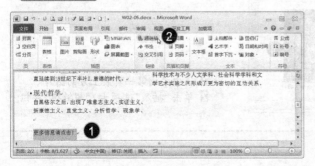

1 选中文档结尾处的文本"更多信息请单击!";
2 单击"插入"选项卡/"超链接"按钮;

③ 在开启的"插入超链接"对话框中，在"地址"文本框中输入"http://www.zhexue.com.cn"；
④ 单击"确定"按钮；

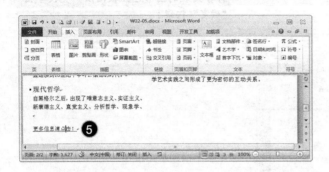

⑤ 完成效果如左图所示。

任务 2-6　为文档中的图片创建超链接

对第一页最上方的图片添加超链接，以链接到第一页下方的标题"古希腊哲学"。

➡️素材文档：W02-06.docx
➡️结果文档：W02-06-R.docx

任务解析

在 Word 2010 中，超链接的应用对象不仅仅是文本。使用者可以对文档中的任意对象，如图片、形状和文本框等添加超链接。

解题步骤

❶ 选中文档第一页最上方的图片；
❷ 单击"插入"选项卡/"超链接"按钮；

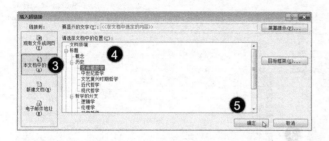

> ③ 在开启的"插入超链接"对话框中，选择"本文档中的位置"选项；
> ④ 选中文档中的位置"古希腊哲学"；
> ⑤ 单击"确定"按钮。

任务 2-7　对文档应用主题风格

将"图钉"主题套用到文档。

➡素材文档：W02-07.docx
➡结果文档：W02-07-R.docx

任务解析

要想快速地美化一个 Word 文档，使用者不一定要对文档内容逐字逐句地进行格式设置，而是可以通过为文档添加主题的方式来实现。Word 2010 内置了多种主题风格，这些主题可以帮助使用者从总体上一次完成对文档的格式化工作。如果所应用的主题风格还不能完全满足使用者的需要，还可以在某一种主题的基础之上，进一步选择相应的主题颜色、主题字体及主题效果。

解题步骤

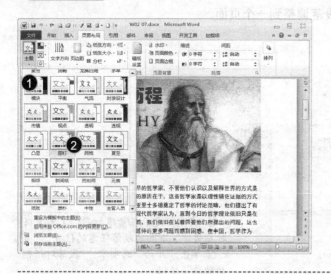

> ① 单击"页面布局"选项卡／"主题"下拉按钮；
> ② 在下拉菜单中单击"图钉"主题；

任务 2-8　确保段落在同一页中显示

对紧跟标题"文艺复兴时期哲学"的段落设置格式，以避免在段落中间分页。

⇒素材文档：W02-08.docx

⇒结果文档：W02-08-R.docx

任务解析

对于篇幅不是很长的段落，如果被分在两个页面中显示，既不美观也不便于阅读。为了解决这个问题，使用者可以为文档中的段落设置段落格式，避免在段中分页。设置之后，Word 2010 会自动将原先跨页显示的段落调整到一个页面。

解题步骤

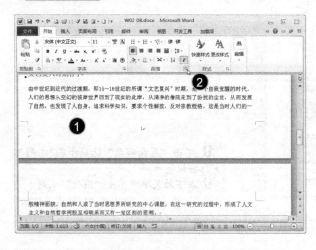

❶ 将光标定位在紧跟标题"文艺复兴时期哲学"下面的段落任意的位置；

❷ 单击"开始"选项卡 / "段落对话框启动器"按钮；

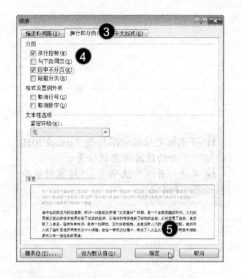

③ 在开启的"段落"对话框中,单击"换行和分页"选项卡;

④ 选中"段中不分页"复选框;

⑤ 单击"确定"按钮;

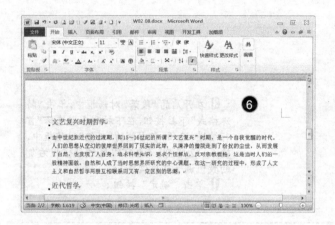

⑥ 完成效果如左图所示。

任务 2-9　设置文档段落的缩进

对于标题"Excel 2010 介绍"后的段落,仅将其首行缩进值设置为"2 字符"(注意:接受其他的所有默认设置)。

➡素材文档:W02-09.docx

➡结果文档:W02-09-R.docx

任务解析

多数的中文文档,每个段落的开头在习惯上要空两个字符,通过按 Space 键来达到这一效果并非高效的方法。使用者可以选中所有开头需要空格的段落,在段落对话框中,为段落设置首行缩进,一次性完成该任务。

解题步骤

1 将光标定位在紧跟标题 "Excel 2010 介绍" 下面的段落任意的位置；

2 单击 "开始" 选项卡 / "段落对话框启动器" 按钮；

3 在开启的 "段落" 对话框中，单击 "特殊格式" 下拉按钮，在下拉列表中选择 "首行缩进" 选项，在右侧的 "磅值" 数值框中，输入 "2 字符"（也可以通过数值框右侧的数值调节钮来调整）；

4 单击 "确定" 按钮；

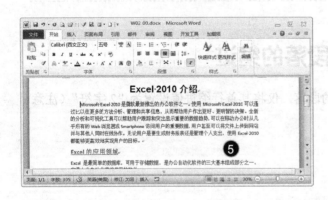

5 完成效果如左图所示。

任务 2-10　调整文本的行距

仅对标题 "Excel 2010 介绍" 后的第一段应用 "固定值" "20 磅" 的行距。

⟾素材文档：W02-10.docx
⟾结果文档：W02-10-R.docx

任务解析

行距是指段落中每行文字之间的距离，通过调整行距可以让文本显示得更加紧凑或者稀松。使用者可以为段落设置单倍或者多倍行距，也可以将行距设置为一个固定的数值。

解题步骤

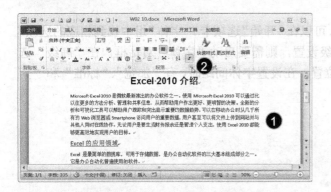

1 将光标定位在紧跟标题"Excel 2010介绍"下面一段的任意的位置；
2 单击"开始"选项卡／"段落对话框启动器"按钮；

3 在开启的"段落"对话框中，单击"行距"下拉按钮，在下拉列表中选择"固定值"选项，在右侧的"磅值"数值框中，输入"20磅"（也可以通过数值框右侧的数值调节钮来调整）；
4 单击"确定"按钮；

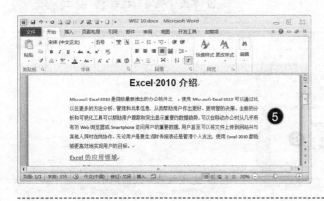

5 完成效果如左图所示。

任务 2-11　调整文本的字符间距

对标题"Excel 的应用领域"后面的两个段落应用"紧缩"的字符间距。

➡素材文档：W02-11.docx

➡结果文档：W02-11-R.docx

任务解析

对于文本字体格式一般性的设置，可以在"开始"选项卡／"字体"组中找到相应的选项。如果使用者需要进行和字体有关的高级设置，则需要启动"字体"对话框，在"高级"选项卡中可以设置文本的缩放、间距及位置。在设置字体间距时，有"加宽"、"标准"和"紧缩"三种选择。

解题步骤

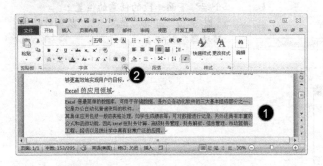

■ 选中标题"Excel 的应用领域"下面的两个段落；

② 单击"开始"选项卡／"字体对话框启动器"按钮；

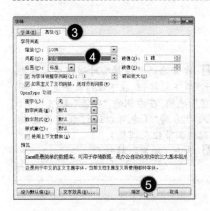

③ 在开启的"字体"对话框中，单击"高级"选项卡；

④ 单击"间距"数值框右侧的下拉按钮，在下拉列表中选择"紧缩"选项；

⑤ 单击"确定"按钮；

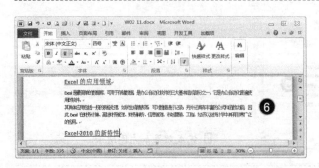

⑥ 完成效果如左图所示。

任务 2-12 为文本字符间距设置精确数值（专家级）

调整第 2 节的字符间距，使用"0.6 磅"的加宽间距。

➡ 素材文档：W02-12.docx
➡ 结果文档：W02-12-R.docx

任务解析

使用者在将段落中文字的距离设置为加宽或者紧缩后，还可以对加宽或者紧缩的程度设置精确的磅值。对于字符间加宽的设置，如果磅值越大，则字与字之间的距离越大；对于紧缩设置，则正好相反，磅值越大，字与字之间的距离越小。

解题步骤

单击"显示/隐藏编辑标记"按钮，可以隐藏或者显示分节符。

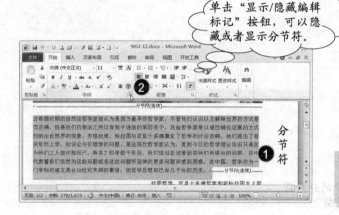

❶ 选中文档第 2 节的所有内容；
❷ 单击"开始"选项卡 / "字体对话框启动器"按钮；

❸ 在开启的"字体"对话框中，单击"高级"选项卡；
❹ 在"间距"下拉列表中，选择"加宽"选项，并在右侧的"磅值"文本框中输入"0.6 磅"（也可以通过"磅值"数值调节钮来调整）；
❺ 单击"确定"按钮；

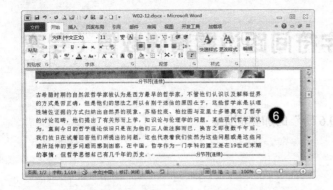

古希腊时期的自然派哲学家被认为是西方最早的哲学家，不管他们认识以及解释世界的方式是否正确，但是他们的想法之所以有别于迷信的原因在于，这些哲学家是以理性辅佐论据的方式归纳出自然界的现象，苏格拉底、柏拉图与亚里士多德奠定了哲学的讨论范畴，他们提出了有关形而上学，知识论与伦理学的问题。某些现代哲学家认为，直到今日的哲学理论依旧只是在为他们三人做注脚而已。换言之即使数千年后，我们依旧在试着回答他们所提出的问题，这也代表着我们依然为这些问题或是这些问题所延伸的更多问题而感到困惑，在中国，哲学作为一门学科的建立是在19世纪末期的事情，但哲学思想却已有几千年的历史。

> **⑥** 完成效果如左图所示。

相关技能

要顺利完成本任务，需要使用者了解有关分隔符的知识。通过单击"页面布局"选项卡 / "分隔符"下拉按钮，如下图所示，可以插入各种分页符和分节符。在完成插入后，文档中会显示相应的标记。单击"开始"选项卡 / "显示 / 隐藏编辑标记"按钮，可以显示或者隐藏分隔符的标记。

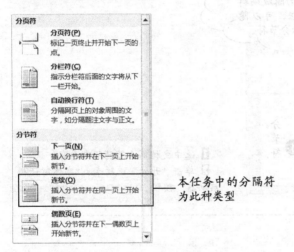

本任务中的分隔符为此种类型

任务 2-13 使用文档部件创建内容（专家级）

将页眉右侧的图形作为构建基块保存到页眉库中，将构建基块命名为"页眉图片"（注意：接受所有其他的默认设置）。

⇒ 素材文档：W02-13.docx
⇒ 结果文档：W02-13-R.docx

任务解析

在使用 Word 的过程中，有些内容在设置好格式和样式后，往往需要反复使用，如公文抬头等。此时，使用者可以将这些内容保存到文档部件库中，以方便随时调用。

解题步骤

❶ 双击文档的页眉区域，使其进入编辑状态，然后选择页眉右侧的图片；

❷ 单击"插入"选项卡 / "文档部件"下拉按钮；

❸ 在下拉菜单中选择"将所选内容保存到文档部件库"选项；

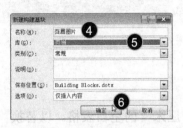

❹ 在开启的"新建构建基块"对话框中的"名称"文本框中输入"页眉图片"；

❺ 在"库"下拉列表中选择"页眉"选项；

❻ 单击"确定"按钮，完成保存。

相关技能

今后在需要使用此内容时，可以如下图所示，单击"插入"选项卡 / "文档部件"按钮，在下拉菜单中选择"构建基块管理器"选项，在开启的对话框中找到并插入文档部件。

单元 3

应用表格和图形

单元 3

任务 3-1 创建表格

在第 5 页上，插入"3"列"10"行、固定列宽为"5.2 厘米"的空白表格。以替换标题"西方著名哲学家一览"下方的注释"请在此插入表格！"（注意：接受其他的所有默认设置）。

➡ 素材文档：W03-01.docx
➡ 结果文档：W03-01-R.docx

任务解析

在文档中，对于数据等内容，可以选择使用表格来呈现。使用者在添加表格之前，需要考虑表格中的数据所需的行数、列数及表格的宽度。对于表格宽度的设置，使用者可以让表格根据所要填充的内容来自动调整，也可以让表格根据文档页面的宽度来调整，还可以为表格的每列设定固定的宽度。

解题步骤

1 选中第 5 页标题"西方著名哲学家一览"下方的注释文字"请在此插入表格！"，并将其删除；

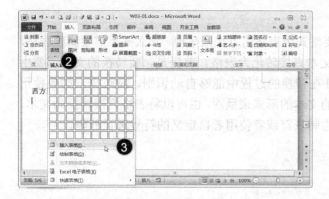

2 单击"插入"选项卡 / "表格"下拉按钮；
3 在下拉菜单中选择"插入表格"选项；

4 在开启的"插入表格"对话框中，在"列数"数值框中输入"3"，在"行数"数值框中输入"10"，在"固定列宽"数值框中输入"5.2厘米"；
5 单击"确定"按钮；

6 完成效果如左图所示。

任务 3-2　将表格转换为文本

在文档第5页，将"西方著名哲学家一览"表格转换为文本，使用"="符号分隔当前列。

➡素材文档：W03-02.docx

➡结果文档：W03-02-R.docx

任务解析

对于文档中的某段文字，如果想要将其用表格的方式来呈现，那么并不需要新建表格，然后重新输入所需文本，而是可以将文本直接转化为表格。前提是，要转换的文本需要由一定的分隔符号进行分隔，以便 Word 在转换的过程中能够自动识别。反过来，如果使用者希望将某个表格中的内容使用一般的文本的形式来呈现，也可以将表格直接转换为文本。转换后，原来每个单元格中的文本会由制表符或者使用者自定义的符号进行分隔。

解题步骤

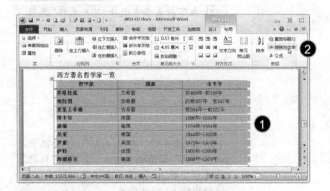

1 选中第 5 页中，标题 "西方著名哲学家一览" 下方表格；

2 单击 "表格工具:布局" 选项卡 / "转换为文本" 按钮；

3 在开启的 "表格转换为文本" 对话框中，选中 "其他字符" 单选按钮，在右侧文本框中输入 "="；

4 单击 "确定" 按钮；

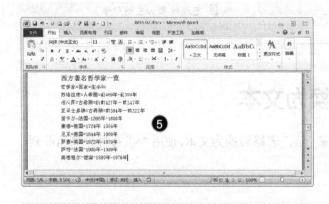

5 完成效果如左图所示。

任务 3-3　设置表格的属性（专家级）

为第 5 页上的表格添加可选文字"西方主要哲学家一览"，并将表格的指定宽度设置为 80%。

　　⟹素材文档：W03-03.docx

　　⟹结果文档：W03-03-R.docx

任务解析

对于插入 Word 文档的表格，可以通过设置表格属性更改表格的宽度、对齐方式等。其中对于表格宽度的设置，可以精确设定该表格宽度的厘米数，还可以用页面中版心的宽度作为基础，将表格宽度设置为版心宽度的一定百分比。

如果要将 Word 文档发布为网页格式，那么还可以为表格添加可选文字，这样当网页加载表格速度稍慢时，会先显示出可选文字的内容，以引起读者注意。

解题步骤

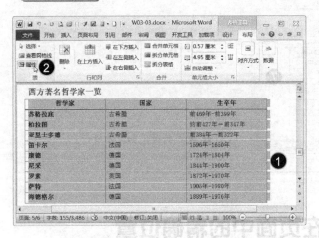

❶ 选中第 5 页中的表格；

❷ 单击"表格工具：布局"选项卡 /"属性"按钮；

❸ 在开启的"表格属性"对话框的"表格"选项卡中，选中"指定宽度"复选框，在"度量单位"下拉列表中选择"百分比"，在"指定宽度"文本框中输入"80%"（也可以通过数值框右侧的数值调节钮调整）；

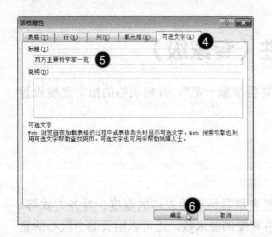

4 单击"可选文字"选项卡；
5 在"标题"文本框中，输入文字"西方主要哲学家一览"；
6 单击"确定"按钮；

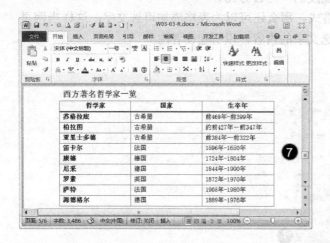

7 完成的效果如左图所示。

任务 3-4　设置图片在页面中的精确位置

修改图片的水平位置，使其相对位置为相对于页面的"70%"。

➡素材文档：W03-04.docx

➡结果文档：W03-04-R.docx

任务解析

对于文档中的图形，使用者可以通过直接用鼠标拖动的方式来调整其位置。此外，也可以对图形的精确位置进行设置。这种设置可以是以文档中的页面或者页边距为基准，可以是精确的以厘米为单位的数值，也可以是相对于某一基准的百分比值。

解题步骤

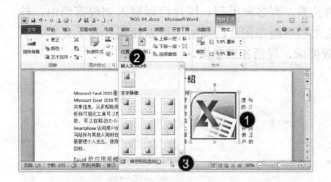

❶ 选中文档中的图形；
❷ 单击"图片工具：格式"选项卡 / "位置"下拉按钮；
❸ 在下拉菜单中选择"其他布局选项"选项，

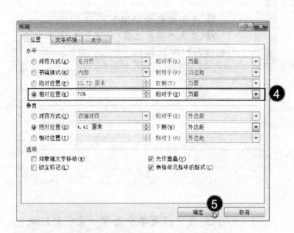

❹ 在开启的"布局"对话框中，选中"水平"组的"相对位置"，单击"相对于"列表框右侧的下拉按钮，在下拉列表中，选择"页面"选项，在"相对位置"数值框中输入"70%"（也可以通过数值框右侧的数值调节钮调整）；
❺ 单击"确定"按钮；

❻ 完成效果如左图所示。

任务 3-5　修改图片的文字环绕方式

修改图片的自动换行选项，使其为"紧密环绕型"。

➤素材文档：W03-05.docx
➤结果文档：W03-05-R.docx

任务解析

Word 文档中的图片和文本之间的关系，有多种类型。图片可以嵌入到段落当中，被 Word 作为一个字符来处理；也可以让文本环绕在图片四周；还可以让图片衬于文本之上或者之下。使用者可以根据文档的排版要求，灵活加以掌握。

解题步骤

❶ 选中文档中的图形；
❷ 单击"图片工具:格式"选项卡/"自动换行"下拉按钮；

❸ 在下拉菜单中选择"紧密型环绕"选项；

❹ 完成效果如左图所示。

任务 3-6 设置图片的旋转角度

将"照相机"图片旋转"300°。"

⇒素材文档：W03-06.docx

⇒结果文档：W03-06-R.docx

任务解析

图片被插入到 Word 文档之后，还可以对其做进一步的编辑。例如，使用者可以对图片做旋转调整。在旋转时，可以选择旋转的方向是顺时针还是逆时针及精确的旋转角度。

解题步骤

1️⃣ 选中文档中的图形；
2️⃣ 单击"图片工具：格式"选项卡 / "旋转"下拉按钮；
3️⃣ 在下拉菜单中选择"其他旋转选项"选项；

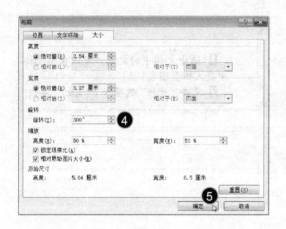

4️⃣ 在开启的"布局"对话框中，在"旋转"数值框中输入"300°"；
5️⃣ 单击"确定"按钮；

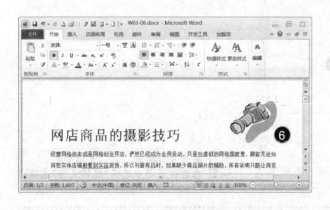

6️⃣ 完成效果如左图所示。

任务 3-7 编辑和修改图形中的文字

将文档末尾的文字"可以在单元格中嵌入微型图表！"移动到"箭头"形状内。

➡️素材文档：W03-07.docx

➡️结果文档：W03-07-R.docx

任务解析

在 Word 文档中，使用者除了可以在文本框中输入和编辑文本，还可以在任意的其他形状中，进行文本编辑。

解题步骤

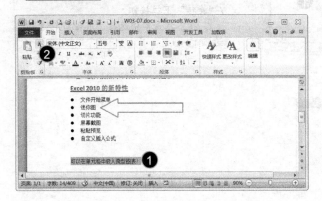

1️⃣ 选中文档中的文本"可以在单元格中嵌入微型图表！"；

2️⃣ 单击"开始"选项卡 / "剪切"按钮；

3️⃣ 右击文件中的"箭头"图形；

4️⃣ 在右键菜单中选择"编辑文字"选项；

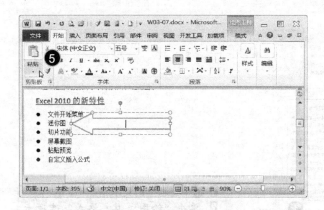

⑤ 此时，光标会定位在图形中，单击"开始"选项卡／"粘贴"按钮；

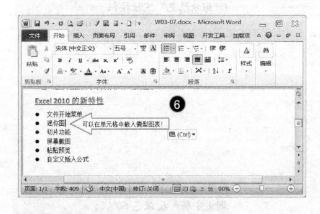

⑥ 完成效果如左图所示。

任务 3-8 设置形状的填充颜色

对文本框应用"橙色，强调文字颜色 6，淡色 60%"的填充颜色。

➡️素材文档：W03-08.docx

➡️结果文档：W03-08-R.docx

任务解析

对于文档中插入的文本框和其他形状，使用者可以通过为其设置样式的方法来快速对其进行美化。此外，还可以对其进行更加细微的调整，例如，设置其内部的填充颜色，外部的边框及阴影和映像等各种效果。

解题步骤

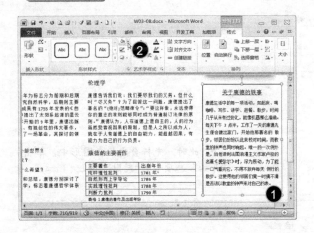

1 选中文档中的文本框；
2 单击"绘图工具：格式"选项卡 / "形状填充"下拉按钮；

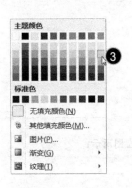

3 在下拉菜单中单击颜色"橙色，强调文字颜色 6，淡色 60%"；

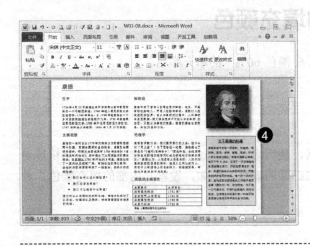

4 完成效果如左图所示。

任务 3-9 在文本框之间建立链接（专家级）

将页面上方两个文本框进行链接。

➡️素材文档：W03-09.docx

➡️结果文档：W03-09-R.docx

任务解析

当一个文本框中的内容过多时，单纯加大这个文本框的高度和宽度，有时会影响到文档的美观。Word 2010 提供的另一种解决途径是，将这个内容过多的文本框与另外一个空的文本框进行链接，链接之后，原文本框中过多的无法显示的内容，会"倾注"到被链接的文本框中。

解题步骤

1 选中文件页面上方左侧的文本框；
2 单击"绘图工具：格式"选项卡 / "创建链接"按钮；

3 此时光标会变为处于倾倒状态的杯子形状，单击右侧文本框；

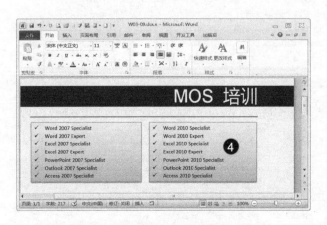

4 完成的效果如左图所示。

相关技能

对于已经建立了链接的两个文本框，如果希望取消他们之间的联系，可以在选中原文本框后，单击"绘图工具：格式"选项卡／"断开链接"按钮，如下图所示。

单元 4

设置文档页面的布局和背景

任务 4-1 为文档设置页面边框

对整个文档添加宽度为"2.25 磅"的"阴影"页面边框。设置边框选项，以使边框从"文字"开始测量。

⟹素材文档：W04-01.docx

⟹结果文档：W04-01-R.docx

任务解析

为了美化文档页面，可以为其添加页面边框，Word 2010 内置了各种边框样式供使用者选择。此外，还可以对边框的粗细、颜色及测量基准进行调整。

解题步骤

1 单击"页面布局"选项卡/"页面边框"按钮；

② 在开启的"边框和底纹"对话框的"页面边框"选项卡中，选中"阴影"型边框；

③ 单击"宽度"列表框右侧下拉按钮，在下拉列表中选中"2.25磅"宽度的边框线；

④ 单击"选项"按钮；

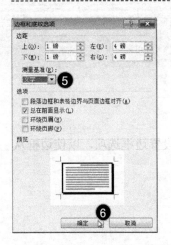

⑤ 在开启的"边框和底纹选项"对话框中，单击"测量基准"列表框右侧下拉按钮，在下拉列表中选择"文字"选项；

⑥ 单击"确定"按钮；

⑦ 单击"确定"按钮；

⑧ 完成效果如左图所示。

任务 4-2 为文档设置水印

为文档添加包含文字"参考"的自定义水印。将字体设置为"楷体",将字号设置为"96"。

⟹素材文档：W04-02.docx

⟹结果文档：W04-02-R.docx

任务解析

在建立 Word 文档后,如果要提醒文档的读者注意关于文档的某种特殊属性,如机密或者紧急等,可以通过插入水印的方法来实现。水印是衬托在文档内容后面的虚影文字,与一般文本类似,使用者可以设置水印文字的字体和字号等格式。

解题步骤

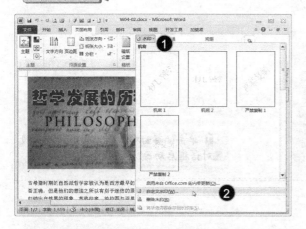

1 单击"页面布局"选项卡/"水印"下拉按钮；

2 在下拉菜单中选择"自定义水印"选项；

3 在开启的"水印"对话框中,选中"文字水印"单选按钮,在"文字"文本框中输入"参考",在"字体"列表框中选择"楷体"选项,在"字号"列表框中选择"96"；

4 单击"确定"按钮；

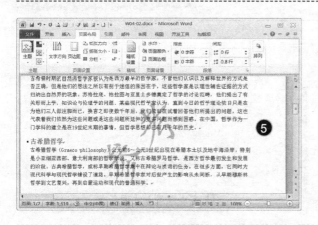

5 完成效果如左图所示。

任务 4-3 修改页眉在页面中的位置

对于整篇文档，将页眉到顶端的距离更改为"2厘米"。

➡️素材文档：W04-03.docx

➡️结果文档：W04-03-R.docx

任务解析

在 Word 文档打印页面的顶端，通常会插入文档的页码和标题等内容，这个区域称为页眉。使用者可以通过设置页眉到页面顶端的距离，来精确调整页眉的位置。

解题步骤

1 单击"页面布局"选项卡 /"页面设置对话框启动器"按钮；

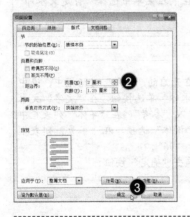

2 在开启的"页面设置"对话框的"版式"选项卡中，在"页眉"数值框中输入"2厘米"（也可以通过右侧的数值调节钮来调整）；

3 单击"确定"按钮；

4 完成效果如左图所示。

任务 4-4　编辑文档页眉

对文档添加仅在奇数页上显示的"拼版型(奇数页)"样式页眉。输入"哲学的发展历程"作为文档标题(注意:完成操作后,关闭页眉)。

➡ 素材文档:W04-04.docx

➡ 结果文档:W04-04-R.docx

任务解析

Word 2010 内置了多种样式的页眉,供使用者选择。此外,对于长篇幅的文档,在装订成册后,其奇数页和偶数页的页眉通常并不相同,例如,偶数页显示文档的名称,奇数页显示章节的名称。要实现这一效果,首先要将 Word 文档的页眉设置为奇偶页不同,然后可以为奇数页和偶数页分别插入不同的页眉。

解题步骤

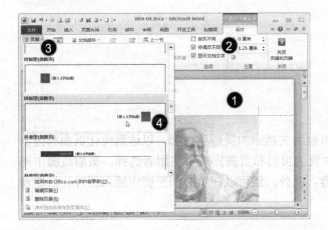

❶ 双击文档首页的页眉区域;

❷ 选中"页眉和页脚工具:设计"选项卡 / "奇偶页不同"复选框;

❸ 单击"页眉和页脚工具:设计"选项卡 / "页眉"下拉按钮;

❹ 在下拉菜单中单击"拼版型(奇数页)"样式的页眉;

❺ 插入页眉后,在标题控件中输入文字"哲学的发展历程";

❻ 单击"页眉和页脚工具:设计"选项卡 / "关闭页眉和页脚"按钮;

> **7** 完成效果如左图所示。

任务 4-5　编辑文档的页脚（专家级）

将"标题"文档属性添加到页脚。

⇒ 素材文档：W04-05.docx

⇒ 结果文档：W04-05-R.docx

任务解析

在文档正文内容之外，使用者还可以为文档添加页眉和页脚，以达到美化页面和提示信息的作用。Word 2010 提供了多种内置的页眉和页脚样式供使用者选择。页眉页脚中通常会包含文档的章节标题和页码等内容，此外，还可以在页眉和页脚中插入图片、日期及文档属性等元素。

解题步骤

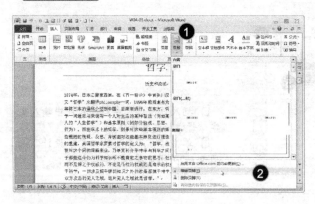

> **1** 单击"插入"选项卡/"页脚"下拉按钮；
>
> **2** 在下拉菜单中选择"编辑页脚"选项，这时页脚会进入编辑状态，光标会定位在首页的页脚处；

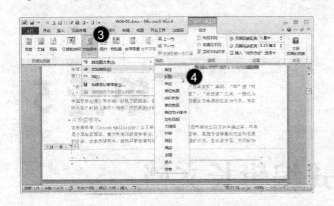

> **❸** 单击"页眉和页脚工具：设计"选项卡／"文档部件"下拉按钮；
> **❹** 在下拉菜单中选择"文档属性"选项，在级联菜单中，单击"标题"；

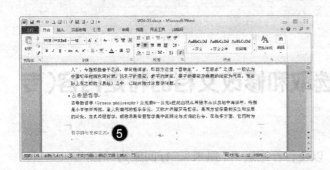

> **❺** 效果如左图所示，"标题"属性已经插入到了文档的页脚。

相关技能

使用者在插入文档属性到文档之前，需要先建立文档属性。通过单击"文件"选项卡／"信息"子选项卡／"属性"下拉按钮，在下拉菜单中选择"高级属性"选项，可以为文档添加属性。本任务中的标题属性添加的方法如下图所示。

单元 5

应用样式编辑长文档

通过样式选取和修改文档的特定内容(专家级)

设置所有"标题 2"文本的格式,以使首行缩进"1 厘米",行间距为"1.8"。

⟹素材文档:W05-01.docx

⟹结果文档:W05-01-R.docx

任务解析

使用者在编辑长文档的时候,应用样式来格式化文档,是一种提高工作效率的有效方法。通常可以为文档的每一类内容,如各级标题和正文等,分别建立一种样式,样式可以包含字体、字号、段落间距等多种格式。这样,在格式化某类内容时,只要为其赋予相应的样式,而不需要再单独设置该内容的每一种格式。在修改某一类内容的时候,如果这类内容已经添加了样式,也不再需要逐段修改,而是可以通过这类内容的样式,一次性全部选中要修改的内容,一起进行调整。

解题步骤

> 也可以在"样式"列表框中,找到想要修改的样式。

1 单击"开始"选项卡 / "样式任务窗格启动器"按钮;

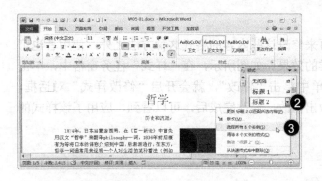

2 在"样式"任务窗格中，单击"标题2"右侧的下拉按钮；

3 在下拉列表中选择"选择所有8个实例"选项。需要注意的是，如果是首次使用此功能，那么此处显示的可能是"全选：（无数据）"，则单击该项即可。之后，可以看到文档中所有"标题2"样式的文本都被选中；

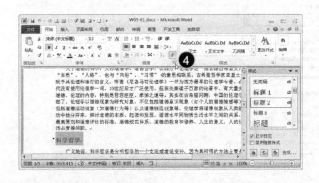

4 单击"开始"选项卡 / "段落对话框启动器"按钮；

5 在"段落"对话框的"特殊格式"下拉列表中，选择"首行缩进"选项，在"特殊格式"右侧的"磅值"文本框中直接输入"1厘米"；

6 在"行距"下拉列表中，选择"多倍行距"选项，在"行距"右侧的"设置值"文本框中直接输入"1.8"；

7 单击"确定"按钮；

8 完成效果如左图所示。

除了通过样式选中某一类内容，再来修改这些内容的格式这种方法之外，使用者也可以通过直接修改样式的方法来达到同样的效果。如图所示，在"样式"任务窗格中，单击"标题2"右侧的下拉按钮，在下拉菜单中单击"修改"，就会开启"修改样式"对话框，在其中可以对样式中包含的各种格式做出修改。修改完成后，可以看到，应用了该样式的所有内容，格式都被做了同样的调整。

任务 5-2　为文档套用模板中的样式（专家级）

为文档加载模板"W05-02-B.dotx"，并自动更新文档样式。

➡ 素材文档：W05-02.docx；W05-02-B.dotx

➡ 结果文档：W05-02-R.docx

任务解析

如果使用者正在编辑的文档，希望套用另一个已有文档的样式，例如该文档各级标题和正文文字的字体、字号、段落间距及缩进等，并不需要逐项来进行设置，可以直接将该文档作为模板加载到正在编辑的文档之中，并使用加载模板中的样式，就可以把模板中的所有的样式导入到正在编辑的文档中。

解题步骤

❶ 单击"开发工具"选项卡/"文档模板"按钮；

2 在开启的"模板和加载项"对话框中,单击上方的"文档模板"文本框右侧的"选用"按钮;

3 在开启的"选用模板"对话框中,打开文档"W05-02-B.dotx"所在的文件夹,并选中该文档;
4 单击"打开"按钮;

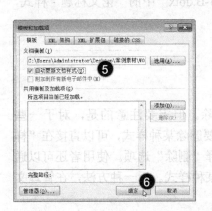

5 选中"自动更新文档样式"复选框;
6 单击"确定"按钮;

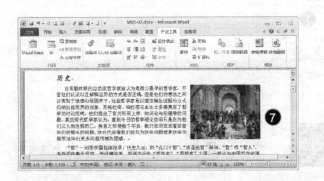

7 完成效果如左图所示,已经将模板中的标题样式加载到了原文档中。

相关技能

Word 2010 中有关文档模板、控件和宏等功能位于"开发工具"选项卡，该选项卡在 Word 安装完毕后，默认是不显示的。单击"文件"选项卡/"选项"按钮，可以开启"Word 选项"对话框，在其中的"自定义功能区"选项卡中，选中"开发工具"复选框，单击"确定"按钮后，"开发工具"选项卡会显示在 Word 2010 的功能区。具体操作方法如下图所示。

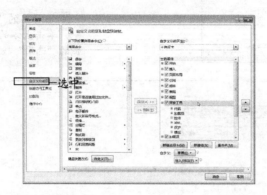

任务 5-3　管理文档的样式（专家级）

开启文档"W05-03.docx"，在其中删除文档"W05-03-B.dotx"中的"论文标题"样式，并保存该文档。

➡素材文档：W05-03.docx；W05-03-B.dotx
➡结果文档：W05-03-R.dotx

任务解析

对于文档中不再需要的样式，使用者可以将其删除。但需要注意的是，对于一些 Word 内置的样式，如"正文"样式，是不允许删除的。要删除某种样式，可以直接在"样式"任务窗格中，单击右侧下拉按钮，在下拉菜单中选择"删除"选项。使用者还可以通过样式管理器来删除正在编辑的文档甚至其他文档中的某种样式。后一种方法，在管理文档模板中的样式时，更为常用。

解题步骤

❶ 单击"开发工具"选项卡/"文档模板"按钮；

❷ 在开启的"模板和加载项"对话框中，单击"管理器"按钮；

❸ 在开启的"管理器"对话框中，单击右侧的"关闭文件"按钮，关闭默认的文档模板，此时原先的"关闭文件"按钮会显示为"打开文件"按钮；

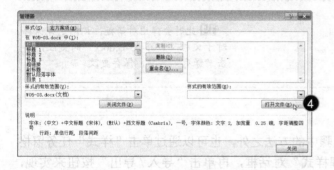

❹ 单击"打开文件"按钮，以便开启需要删除样式的模板文件"W05-03-B.dotx"；

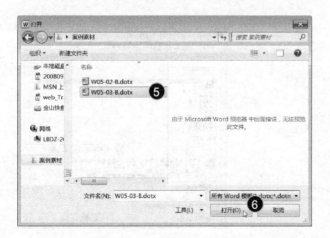

❺ 在开启的"打开"对话框中，首先打开文档"W05-03-B.dotx"所在的文件夹，并选中该文档；

❻ 单击"打开"按钮，这时可以看到"W05-03-B.dotx"文件已经被加载进来；

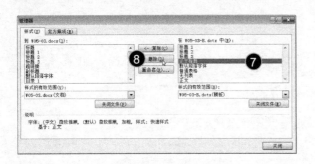

7 选中"W05-03-B.dotx"文件中的"论文标题"样式；

8 单击左侧的"删除"按钮；

9 这时会弹出对话框，询问是否删除该样式，单击"是"按钮，进行删除；

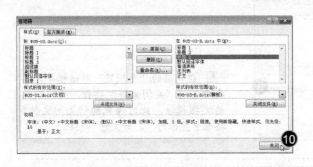

10 单击"管理器"对话框的"关闭"按钮；

11 此时会弹出对话框，询问是否保存对于文档"W05-03-B.dotx"的更改，单击"保存"按钮，保存更改。

相关技能

要启动样式管理器，除了解题步骤中的方法之外，也可以通过单击"样式"任务窗格中的"管理样式"按钮，启动"管理样式"对话框，再单击"导入/导出"按钮来实现，具体操作如下图所示。

单元 6

为文档添加目录、引文和索引

任务 6-1 为文档添加目录

插入自定义目录，以替换标题"目录"下方的注释"请在此插入目录！"。应用"流行"样式格式，显示带连字符的制表符前导符，并且仅在目录中显示标题 1 和标题 3 级别（注意：接受其他的所有默认设置）。

➡素材文档：W06-01.docx

➡结果文档：W06-01-R.docx

任务解析

在长文档中，通常会添加目录。使用者可以从 Word 2010 内置的目录样式中选择所需样式，还可以调整要将 Word 文档的哪一级标题添加到目录当中。这里需要注意的是，在文档中添加目录的前提条件是，已经为文档的各级标题设置了标题样式或者大纲级别。

解题步骤

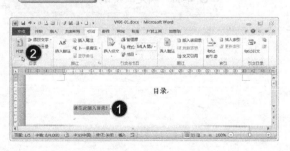

1 选中文档第一页中的文本"请在此插入目录！"；

2 单击"引用"选项卡 / "目录"下拉按钮；

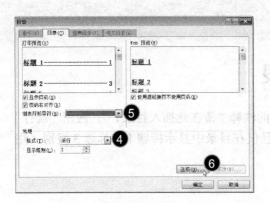

3 在下拉菜单中选择"插入目录"选项；

4 在开启的"目录"对话框中，单击"格式"列表框右侧的下拉按钮，在列表中选择"流行"样式；

5 单击"制表符前导符"列表框右侧的下拉按钮，在列表中选择"连接符"选项；

6 单击"选项"按钮；

7 在开启的"目录选项"对话框中，删除与标题2相对应的目录级别；

8 单击"确定"按钮；

9 单击"确定"按钮；

🔟 完成效果如左图所示。

任务 6-2 为文档添加书目

在文档结尾处插入"内置书目",以替换"请在此插入书目！"。

⟹素材文档：W06-02.docx

⟹结果文档：W06-02-R.docx

任务解析

在专业文档中，如学术论文，通常都会要求在文档的结尾将文章所引用的专业文献按照一定要求列出，这在 Word 当中称为书目。在 Word 2010 中，建立书目的最好方法不是在文档的末尾逐条输入，而是通过插入书目的方法来建立书目。

解题步骤

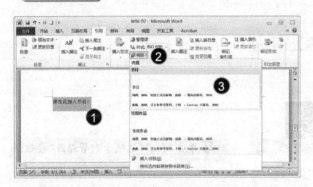

1️⃣ 选中文档最后一页中的文本"请在此插入书目！"；

2️⃣ 单击"引用"选项卡/"书目"下拉按钮；

3️⃣ 在下拉菜单中选择"书目"选项；

4️⃣ 完成效果如左图所示。

任务 6-3 使用 Word 管理文献——添加新源（专家级）

添加一个新的"书籍"源，设置如下：

◆ 作者：康德；

◆ 标题：纯粹理性批判；

◆ 标记名称：康德 01；

⟹ 素材文档：W06-03.docx

⟹ 结果文档：W06-03-R.docx

任务解析

建立书目最好的方式不是在文档末尾逐条键入，而是先将所引用的文献输入到"源管理器"中，然后再将其中的文献插入到文档末尾，形成书目。每一条文献，在"源管理器"中被称为一个"源"。Word 提供的源的分类包括了书籍、杂志、报纸及网站等多种文献来源，使用者在插入的时候，可以根据文献的种类进行选择。通过这种方法建立书目的优点在于，Word 提供了多种内置的书目样式，使用者在撰写文章时，通过"源管理器"插入的书目，可以非常容易地从一种格式转换为另一种格式，从而符合特定机构，如学术杂志的要求。

解题步骤

1 单击"引用"选项卡 /"管理源"按钮；

2 在开启的"源管理器"对话框中，单击"新建"按钮；

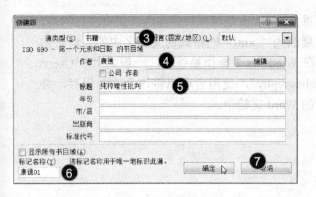

3 在开启的"创建源"对话框的"源类型"下拉列表里选择"书籍"选项；

4 在"作者"文本框中输入"康德"；

5 在"标题"文本框中输入"纯粹理性批判"；

6 在"标记名称"文本框中输入"康德01"；

7 单击"确定"按钮，将该文献添加到源列表中；

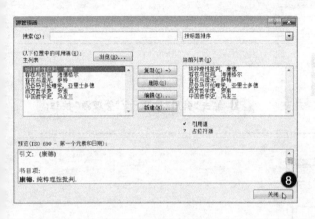

8 单击"关闭"按钮，关闭"源管理器"对话框。

相关技能

要想建立新源，也可以单击"引用"选项卡/"插入引文"下拉按钮，在下拉菜单中选择"添加新源"选项，如下图所示。

任务6-4 使用 Word 管理文献——导入源列表（专家级）

使用源管理器，将"W06-04-B.xml"复制到文档的当前列表。

素材文档：W06-04.docx；W06-04-B.xml

结果文档：W06-04-R.docx

任务解析

在源管理器中添加文献，除了可以逐条输入外，还可以一次性导入多条文献。如果使用者在之前的文章当中，已经建立过书目，其中的文献和目前所要建立的书目中，有重合的部分，那么，对于这部分文献，则不再需要重复录入，而是可以直接导入。需要注意的是，Word 2010 源管理器中的源列表是储存在扩展名为".xml"的格式的文档之中的，默认的文档名称为"Sources.xml"，其储存的位置在 Windows 7 操作系统下，一般为"C:\Users\Administrator\AppData\Roaming\Microsoft\Bibliography"，使用者可以将这个文档保存，并在今后需要的时候，将其中的文献导入到新的 Word 文档中。

解题步骤

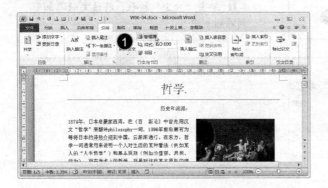

❶ 单击"引用"选项卡/"管理源"按钮；

❷ 在开启的"源管理器"对话框中，单击"浏览"按钮；

❸ 这时会弹出"打开源列表"对话框，打开文档"W06-04-B.xml"所在的文件夹，并选中该文档；

❹ 单击"确定"按钮，将其中的文献添加到文档的可用源列表；

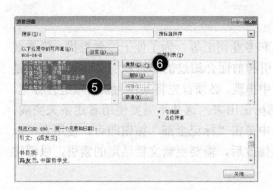

⑤ 选中所有导入的源（按住 Ctrl 键不放，可以用鼠标同时选中多个条目）；
⑥ 单击"复制"按钮，将主列表中的源复制到文档的"当前列表"中；

⑦ 单击"关闭"按钮。

相关技能

　　在将源复制到"当前列表"之后，单击"引用"选项卡/"书目"下拉按钮，在下拉菜单中选择"插入书目"选项，就可以将列表中的文献生成为 Word 文档末尾的书目，如下图所示。

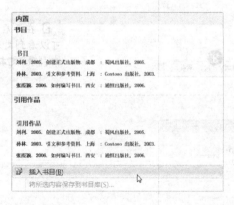

任务 6-5　为文档添加索引（专家级）

　　更新当前索引，以便使其包括文档内的所有文本"罗素"。
　　➡素材文档：W06-05.docx
　　➡结果文档：W06-05-R.docx

任务解析

文档中的一些特殊的词汇，如人名、地名和专业词汇等，为了便于读者查找，经常要作为索引列于文档的末尾。Word 2010 中的索引和前面介绍过的书目和引文目录类似，是自动生成的。要使一个词汇在文档末尾的索引中出现，必须首先将其作为索引项进行标记。如果一个词汇在文档中多次出现，通常要全部标记出来，这并不需要使用者逐条来完成，而是选中某个词汇，在"标记索引项"对话框中单击"标记全部"按钮即可。使用者可以通过删除标记来取消索引项。在对索引项做出修改后，需要更新文档结尾的索引，以便将增减的条目及更改的索引项页码进行刷新。

解题步骤

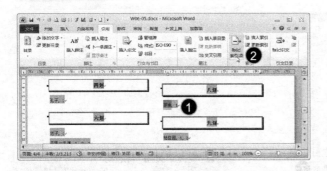

1 在文档结尾处，选中索引中的文本"罗素"；
2 单击"引用"选项卡 / "标记索引项"按钮；

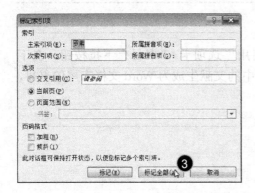

3 在开启的"标记索引项"对话框中，可以看到文本"罗素"已经显示在了"主索引项"文本框中，单击"标记全部"按钮；

4 单击"关闭"按钮，关闭对话框；

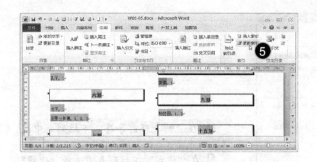

⑤ 单击"引用"选项卡 /"更新索引"按钮；

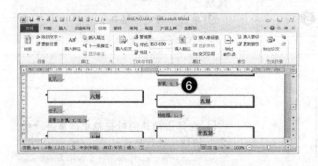

⑥ 完成后的效果如左图所示。

任务 6-6　修改引文目录的样式（专家级）

更新引文目录，以使用"优雅"格式，去掉制表符前导符。

⇒素材文档：W06-06.docx
⇒结果文档：W06-06-R.docx

任务解析

　　法律文献等一类专业文档，往往包含着大量的法律词条和判例等引用内容，为了便于读者查找，一般在文档末尾会添加引文目录。Word 2010 提供了多种内置的引文目录的样式，使用者在添加目录的时候，可以从中选择。对于已经建立的引文目录，使用者也可以方便地将其替换为其他样式。

解题步骤

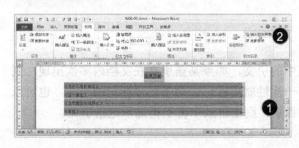

❶ 选中位于第 5 页的引文目录；
❷ 单击"引用"选项卡 /"插入引文目录"按钮；

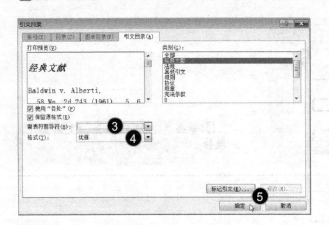

3 在"制表符前导符"下拉列表中选择"（无）"；

4 在"格式"下拉列表中选择"优雅"选项；

5 单击"确定"按钮；

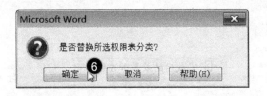

6 在弹出的询问对话框中，单击"确定"按钮，进行确认；

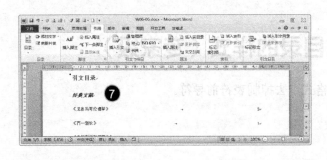

7 替换后的效果如左图所示。

任务 6-7 编辑引文标记及更新引文目录（专家级）

删除与"百一新论"相关的引文标记，并更新引文目录。
⟹素材文档：W06-07.docx
⟹结果文档：W06-07-R.docx

任务解析

要生成引文目录，首先必须标记文档中的引文，如果某条引文在文档内多次出现，则可以单击"标记全部"按钮，将这些条目一次性做出标记。对于已经标记的引文，也可以删除其标记，删除标记后，需要更新引文目录，则在目录中将不再显示这条引文。

解题步骤

1 查看第5页引文目录，可以看到引文"百一新论"所在位置为第1页；

2 在第1页找到引文"百一新论"，选中后面的引文标记，按Delete键删除该标记（如果Word文档没有显示出标记，那么可以通过单击"开始"选项卡 /"显示 / 隐藏编辑标记"按钮，来显示出引文标记）；

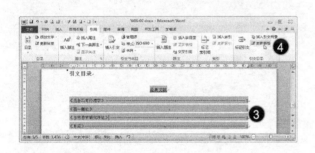

3 回到第5页，选中引文目录；
4 单击"引用"选项卡 /"更新表格"按钮，更新引文目录；

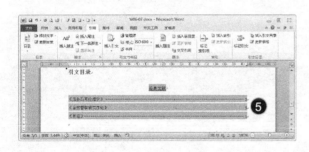

5 完成后的效果如左图所示。

相关技能

在删除引文标记后，要更新引文目录，也可以选中引文目录后右击，在右键菜单中选择"更新域"选项，如下图所示。

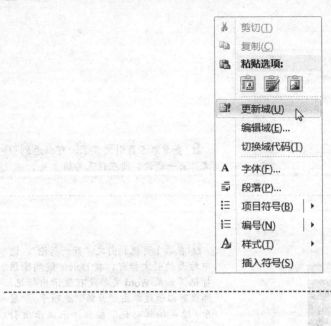

单元 7

应用控件创建交互式文档

任务 7-1　在文档中添加控件（专家级）

在文档个人信息一节中的所有字段旁添加"文本域（窗体控件）"。

➡素材文档：W07-01.docx

➡结果文档：W07-01-R.docx

任务解析

有一类文档，如市场调查表和信息反馈表等，不只需要读者阅读其中的信息，还需要他们填写其中的部分内容，这就需要对文档进行特殊的设置，使得有些内容（如调查问卷中的问题）读者只能阅读而不能修改，而另外一些位置（如回答问题的区域）需要读者自己填写或选择。通过添加控件，使用者可以实现上述效果。Word 2010 中提供的控件分为内容控件、旧式窗体和 ActiveX 控件三个类别，本任务中要求添加的，属于旧式窗体类别。需要注意的是，旧式窗体需要和 Word 2010 的限制编辑功能同时使用，才会产生效果。通过限制编辑，只允许读者填写文档中的窗体，可以使读者只能在文档中指定的位置，如本任务中的添加了文本域的位置，输入文字，而无法修改其他内容。

解题步骤

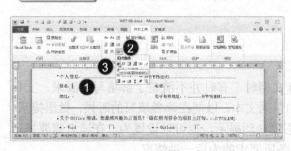

❶ 将插入点定位在文本"姓名："之后；

❷ 单击"开发工具"选项卡/"旧式工具"下拉按钮；

❸ 在下拉菜单中单击"旧式窗体"中的"文本域（窗体控件）"，插入第一个文本域；

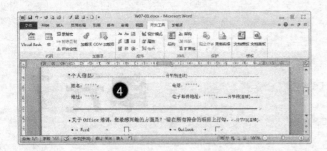

④ 将插入点分别定位在文本"地址："、"电话："和"电子邮件地址："后，使用同样的方法插入"文本域（窗体控件）"，完成后的效果如左图所示。

相关技能

在添加旧式窗体控件后，单击"开发工具"选项卡/"限制编辑"按钮，在"限制格式和编辑"任务窗格中，选中"仅允许在文档中进行此类型的编辑"复选框，然后在下面的下拉列表中选择"填写窗体"选项，最后单击"是，启动强制保护"按钮。此时，刚刚添加的窗体域已经生效。

任务 7-2 为文档中的控件添加帮助文字（专家级）

为复选框型窗体域"其他"添加帮助键文本，内容为"其他选项请选中此处！"。

⟹ 素材文档：W07-02.docx
⟹ 结果文档：W07-02-R.docx

任务解析

读者在填写添加了控件的互动式 Word 文档时，有时并不清楚了解填写的要求。文档制作者在添加控件的时候，可以为控件添加帮助文本，以便在读者填写的时候，做出提示。帮助文字可以设置为在读者填写时，在状态栏自动提示，也可以设置为，在读者需要提示时，按 F1 键后，才开启提示对话框。本任务所要求的为后一种情况。

解题步骤

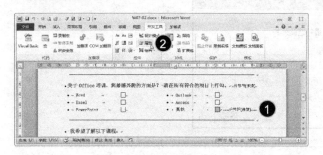

1 选中文本"其他"后面的复选框窗体；

2 单击"开发工具"选项卡／"属性"按钮；

3 在开启的"复选框型窗体域选项"对话框中，单击"添加帮助文字"按钮；

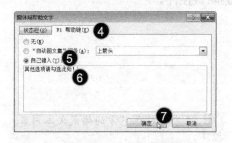

4 在弹出的"窗体域帮助文字"对话框中，单击"F1 帮助键"选项卡；

5 选中"自己键入"单选按钮；

6 在下方文本框中输入文本"其他选项请勾选此处！"；

7 单击"确定"按钮；

8 单击"确定"按钮，完成帮助文字的添加。

相关技能

　　在为窗体添加完帮助文字之后，依照上一任务所介绍的方法，限制文档的编辑，然后选中窗体，按 F1 键，就会开启如下图所示的提示对话框。

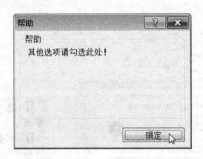

任务 7-3 修改格式文本内容控件的属性（专家级）

添加"其他需求"作为格式文本内容控件的标题，并锁定此内容控件，使其无法被删除。

➡️素材文档：W07-03.docx

➡️结果文档：W07-03-R.docx

任务解析

Word 2010 有 8 个内容控件工具。每个控件都有一个关联的"属性"对话框，可以利用它们控制内容控件的许多方面，例如，为内容控件添加标题及锁定控件。在控件被锁定，设置为无法删除后，则只能在进入设计模式后，才能删除该控件。

解题步骤

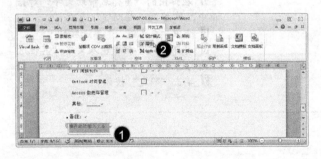

1️⃣ 选中文档最下方的格式文本内容控件；

2️⃣ 单击"开发工具"选项卡 / "属性"按钮；

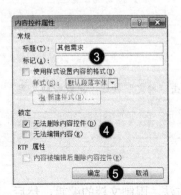

3️⃣ 在开启的"内容控件属性"对话框的"标题"文本框中输入"其他需求"；

4️⃣ 选中"无法删除内容控件"复选框；

5️⃣ 单击"确定"按钮；

6 完成后的效果如左图所示。

任务7-4 删除和替换控件（专家级）

将格式文本内容控件替换为"文本域（窗体控件）"。

➡素材文档：W07-04.docx
➡结果文档：W07-04-R.docx

任务解析

对于已经在 Word 文档中存在的控件，如果不符合使用的需要，可以将其替换为其他控件。方法很简单，即先将不需要的控件删除，再如本篇"任务7-1"所示，添加所需的控件。

解题步骤

1 选中文档最下方的格式文本内容控件，按 Delete 键将其删除；

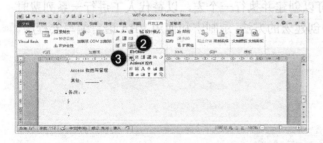

2 单击"开发工具"选项卡/"旧式工具"下拉按钮；
3 在下拉菜单中单击"旧式窗体"中的"文本域（窗体控件）"；

4 完成后的效果如左图所示。

单元 8

应用宏实现文档的自动化

任务 8-1 创建宏（专家级）

创建对文本应用段后间距为"0.5 行"的宏，将宏命名为"标题 2 间距"，对所有标题 2 应用此宏。

⟹素材文档：W08-01.docm
⟹结果文档：W08-01-R.docm

任务解析

在文档编辑过程中，经常有某项工作要多次重复，这时可以利用 Word 2010 的宏功能来使其自动执行，以提高效率。宏将一系列的 Word 命令和指令组合在一起，形成一个命令，以实现任务执行的自动化。用户可以创建并执行一个宏，以替代人工进行一系列费时而重复的 Word 操作。Word 提供了两种创建宏的方法：录制宏和使用 VBA 语言编写宏程序。本任务所要求的即为前者。

解题步骤

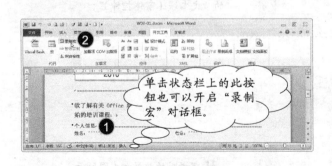

❶ 将插入点定位到任意一个标题 2 段落，如图所示，光标定位于标题 2 "个人信息"段落；

❷ 单击"开发工具"选项卡 / "录制宏"按钮；

78

③ 在"录制宏"对话框中的"宏名"文本框中输入"标题2间距";

④ 单击"确定"按钮，开始宏的录制过程；

⑤ 单击"开始"选项卡／"段落对话框启动器"按钮；

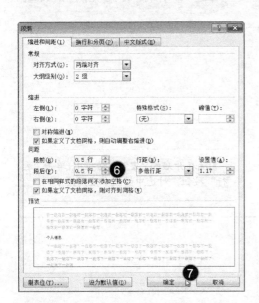

⑥ 在开启的"段落"对话框的"间距"组的"段后"文本框中，用数值调节钮将段后间距调整为"0.5行"（也可以直接输入）；

⑦ 单击"确定"按钮，关闭"段落"对话框；

单击状态栏上的此按钮也可以结束宏的录制。

⑧ 单击"开发工具"选项卡／"停止录制"按钮，完成宏的录制；

⑨ 右击"开始"选项卡 /"样式库"中的"标题2"（如果"标题2"样式没有显示在样式库中，可以通过单击"样式"列表框右侧的向上或向下的箭头，滚动查找）；

⑩ 在右键菜单中，单击"选择所有6个实例"（如果是首次使用此功能，那么此处显示的可能是"全选：（无数据）"，则单击该项即可）。之后，可以看到文档中所有"标题2"样式的文本都被选中；

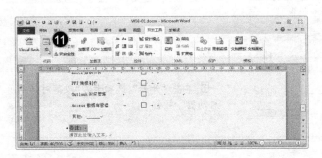

⑪ 单击"开发工具"选项卡 /"宏"按钮；

⑫ 在开启的"宏"对话框中，单击"运行"按钮，对选中的文本应用宏；

⑬ 完成后的效果如左图所示。

任务 8-2　将宏指定给快捷键（专家级）

录制对文本应用黄色突出显示效果的宏。将宏命名为"强调"，并指定到快捷键 Ctrl+8。

对文档中的表格"西方著名哲学家一览"的"哲学家"列的内容应用此宏。

　　➤ 素材文档：W08-02.docm

　　➤ 结果文档：W08-02-R.docm

任务解析

　　录制好的宏可以指定到按钮控件或者某个快捷键，这样以后运行宏就可以直接单击该按钮或者按快捷键，不必再使用宏对话框，从而达到提高工作效率的目的。

解题步骤

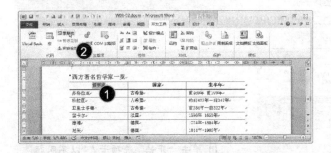

1 选中第 5 页表格"西方著名哲学家一览"中的文本"哲学家"；

2 单击"开发工具"选项卡 / "录制宏"按钮；

3 在"录制宏"对话框中的"宏名"文本框中输入"强调"；

4 单击"键盘"按钮；

5 在弹出的"自定义键盘"对话框的"请按新快捷键"文本框中输入"Ctrl+8"（方法是同时按住 Ctrl 键和数字 8 键）；

6 单击"指定"按钮，将即将要录制的宏指定给这组快捷键；

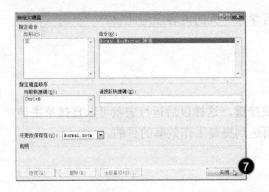

7 单击"关闭"按钮，开始宏的录制过程；

8 单击"开始"选项卡／"以不同颜色突出显示文本"按钮（默认为黄色）；

9 单击"开发工具"选项卡／"停止录制"按钮，完成宏的录制，这时可以看到"哲学家"三个字已经被应用了黄色突出显示的效果；

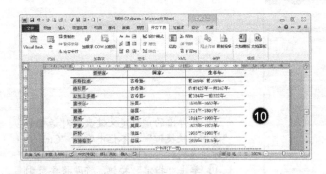

10 选中表格"西方著名哲学家一览"的"哲学家"列中从第二行开始的所有文本，并按快捷键Ctrl+8，完成后的效果如左图所示。

任务 8-3 在不同文档之间复制宏（专家级）

复制"W08-03.docm"中的宏，并将其保存到"W08-03-B.docm"中。

➡️素材文档：W08-03.docm；W08-03-B.docm

➡️结果文档：W08-03-R.docm

任务解析

对于在某个文档中已经录制好的宏，如果需要在其他文档中使用，那么并不需要重新录制，而是可以在不同的文档之间复制所需要的宏。

解题步骤

1️⃣ 单击"开发工具"选项卡/"宏"按钮；

2️⃣ 在开启的"宏"对话框中单击"管理器"按钮；

3️⃣ 在开启的"管理器"对话框的"宏方案项"选项卡中，单击右侧的"关闭文件"按钮，关闭默认的模板文件，此时原先的"关闭文件"按钮会变成"打开文件"按钮；

4️⃣ 单击"打开文件"按钮；

⑤ 在"打开"对话框中，在文件格式列表中选择"启用宏的 Word 文档（*.docm）"选项；

⑥ 打开文档"W08-03-B.docm"所在的文件夹，选中文档"W08-03-B.docm"；

⑦ 单击"打开"按钮；

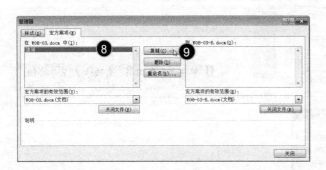

⑧ 在"管理器"对话框"宏方案项"选项卡中选中左边的文档"W08-03.docm"中的宏方案项"强调"。

⑨ 单击对话框中间的"复制"按钮，将宏方案复制到文档"W08-03-B.docm"中；

⑩ 单击"关闭"按钮；

⑪ 此时会弹出对话框询问是否要保存对于文档"W08-03-B.docm"的修改，单击"保存"按钮。

单元 9

保护和共享文档

分显示用户"John"将添加图注：
素材文档：W09-02.docx
结果文档：W09-02-R.docx

任务 9-1 在文档中添加批注

对标题"生平"下方的文本"哥尼斯堡"添加使用文字"在今天的俄罗斯境内"的批注。

⟹素材文档：W09-01.docx

⟹结果文档：W09-01-R.docx

任务解析

如果要对自己完成的文档中的某些内容添加注释或者说明，或者对他人的文档中的内容添加意见和建议，可以通过对这些内容添加批注的方法来实现。对于文档中所添加的批注，使用者还可以进行编辑或者删除。

解题步骤

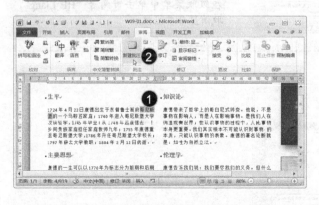

❶ 选中标题"生平"下方的文本"哥尼斯堡"；

❷ 单击"审阅"选项卡 /"新建批注"按钮；

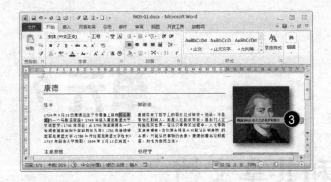

3 在出现的批注框中输入文字"在今天的俄罗斯境内"，单击文档其他空白处，完成效果如左图所示。

任务 9-2　管理文档中的批注

仅显示用户"John"添加的批注。

➡素材文档：W09-02.docx

➡结果文档：W09-02-R.docx

任务解析

多个用户可以对同一个文档添加批注，在显示这些批注的时候，可以显示所有的批注，也可以仅仅显示某个用户所添加的批注。

解题步骤

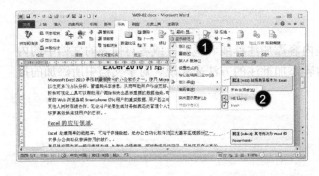

1 单击"审阅"选项卡/"显示标记"下拉按钮；

2 在下拉菜单中选择"审阅者"选项，在级联菜单中单击审阅者"HE Liang"，取消显示其批注；

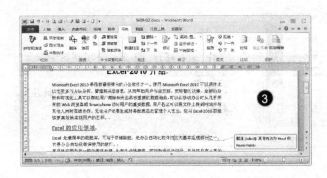

3 完成后的效果如左图所示。

任务 9-3　保护文档

限制编辑文件，但不使用密码，以便用户可以添加批注，但不能用其他方法编辑文档（注意：接受其他的所有默认设置）。

➡️素材文档：W09-03.docx

➡️结果文档：W09-03-R.docx

任务解析

编辑完成的文档，有时需要交给其他人审阅，但是仅仅希望读者对文章提出意见，也就是批注，而不希望对文章本身的内容做出修改，此时可以使用限制编辑功能，设置为只允许读者添加批注，来达到此目的。

解题步骤

1 单击"审阅"选项卡／"限制编辑"按钮；

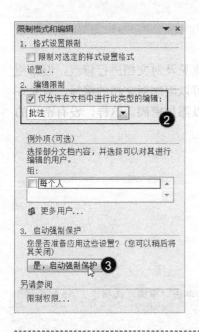

2 在开启的"限制格式和编辑"任务窗格中，选中"仅允许在文档中进行此类型的编辑"复选框，单击下方列表框右侧的下拉按钮，在下拉列表中选择"批注"选项；

3 单击"是，启动强制保护"按钮；

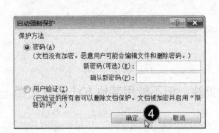

4 在开启的"启动强制保护"对话框中，不输入密码，直接单击"确定"按钮；

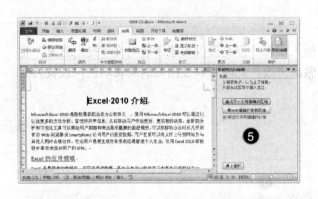

5 完成后的效果如左图所示。

任务 9-4　使用密码保护文档（专家级）

限制对文档的编辑，只允许在修订状态下编辑文档。输入"1984"作为密码（注意：接受其他所有默认设置）。

➡️素材文档：W09-04.docx
➡️结果文档：W09-04-R.docx

任务解析

将完成的文档给他人阅读，如果允许读者对文档提出意见及对文档进行修改，但希望这种编辑会留下特定的标记，也就是在修订下进行，那么可以限制对文档的编辑，只允许读者在修订状态下才可以编辑文档。为了保护文档，还可以添加密码。这样，没有密码的用户，将无法退出修订状态来编辑文档。

解题步骤

1 单击"审阅"选项卡 /"限制编辑"按钮；

2 在文档右侧会出现"限制格式和编辑"任务窗格,选中第2个选项"编辑限制"下的"仅允许在文档中进行此类型的编辑"复选框,在下面的下拉列表中选择"修订"选项;

3 单击"是,启动强制保护"按钮;

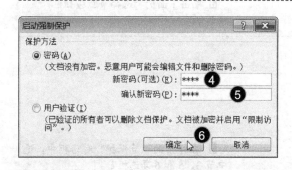

4 在弹出的"启动强制保护"对话框的"新密码(可选)"文本框中输入密码"1984";

5 在其下的"确认新密码"文本框中,再次输入密码"1984";

6 单击"确定"按钮,完成对文档的保护。

任务 9-5　通过限制编辑使窗体生效(专家级)

限制编辑但不使用密码,以便只能填写窗体的3、5和6节。

➤素材文档:W09-05.docx
➤结果文档:W09-05-R.docx

任务解析

Word 文档中的旧式窗体控件,只有在文档被保护后,才能发挥作用。因此在添加完窗体后,应当在限制编辑选项中将文档设置为仅允许读者填写窗体。如果仅仅希望通过限制编辑使窗体生效,而不希望对文档的其他部分进行保护,那么可以将文档中存在窗体的部分单独分节,在限制文档编辑的时候,仅仅保护存在窗体的分节。

解题步骤

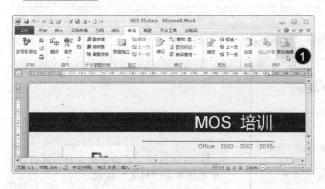

1 单击"审阅"选项卡/"限制编辑"按钮;

② 在文档右侧会出现"限制格式和编辑"任务窗格，选中第2个选项"编辑限制"下的"仅允许在文档中进行此类型的编辑"复选框，在下面的下拉列表中选择"填写窗体"；

③ 单击下面的"选择节"按钮；

④ 在弹出的"节保护"对话框中，选中节3、5和6复选框；

⑤ 单击"确定"按钮；

⑥ 单击"是，启动强制保护"按钮；

⑦ 在弹出的"启动强制保护"对话框中直接单击"确定"按钮。

任务 9-6　比较文档的差异（专家级）

将文档"W09-06.docx"和文档"W09-06-B.docx"进行比较。将"W09-06.docx"设为原文档，在新文档中接受所有修订，并将其保存在默认路径，文件名为"哲学的历史和流派 - 修订 .docx"。

⟹素材文档：W09-06.docx；W09-06-B.docx

⟹结果文档：W09-06-R.docx

任务解析

对于两个只存在细微差别的文档，找出它们之间的差别常常是困难的。为了解决这个难题，Word 2010 提供了文档比较的功能，不但可以比较两个文档内容方面的差别，还可以比较文档之间格式的不同。

解题步骤

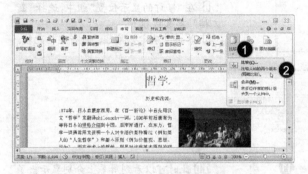

① 单击"审阅"选项卡／"比较"下拉按钮；

② 在下拉菜单中选择"比较"选项；

③ 在开启的"比较文档"对话框的"原文档"下拉列表中选择"W09-06.docx"选项；

④ 单击"修订的文档"文本框右侧的"打开文件"按钮；

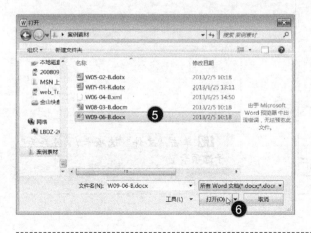

⑤ 在"打开"对话框中，打开文档"W09-06-B.docx"所在的文件夹，并选中该文档；

⑥ 单击"打开"按钮；

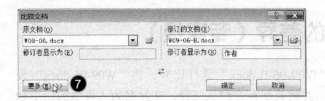

7 单击"比较文档"对话框的"更多"按钮，以便显示扩展选项；

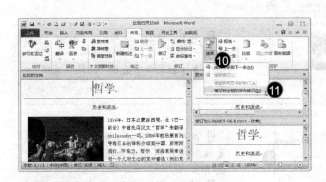

8 在"修订的显示位置"组中，选择"新文档"单选按钮；

9 单击"确定"按钮，进行文档比较；

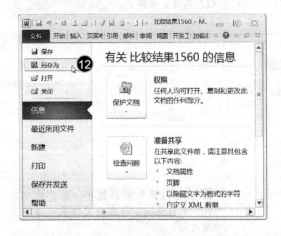

10 此时可以看到屏幕上分别显示出了原文档、修订的文档及比较的文档，单击"审阅"选项卡/"接受"下拉按钮；

11 在下拉菜单中选择"接受对文档的所有修订"选项；

12 单击"文件"选项卡/"另存为"子选项卡；

13 在"文件名"文本框中输入"哲学的历史和流派 - 修订 .docx";
14 单击"保存"按钮。

单元 10

邮 件 合 并

任务 10-1　创建信函邮件合并和排除特定收件人

请完成下列任务。

◆ 使用邮件合并向导，根据当前文档，创建信函邮件合并，使用文档"W10-01-B.xlsx"中的数据来填充收件人列表；

◆ 在文档正文上方添加一个电子邮件地址，以替换注释"在此插入电子邮件"；

◆ 预览合并。从合并中排除电子邮件地址为"sales@263.net"的收件人（注意：不要打印，不要发送电子邮件，或编辑个人信函）。

⇒素材文档：W10-01.docx；W10-01-B.xlsx

⇒结果文档：W10-01-R.docx

任务解析

"邮件合并"这个名称最初是在批量处理"邮件文档"时提出的。具体地说就是在主文档（邮件文档）的固定内容中，合并与发送信息相关的一组通信资料，这组通信资料称为数据源，可能是 Excel 表格或者 Access 数据库等，从而批量生成需要的邮件文档，因此可以大大提高工作的效率。邮件合并有不同的类型，但操作的步骤都不外乎以下三步：

◆ 建立主文档，如一封邀请函；

◆ 准备好数据源，例如，这封邀请函要发给 100 位学员，数据源就应当是包含这100 人的个人信息（姓名、地址、电话和电子邮件信箱等）的数据文件；

◆ 把数据源合并到主文档，例如，把 100 位受邀者的姓名都添加到邀请函的邀请者位置，原则上讲，数据文件中有多少条记录，在合并后，主文档就会生成多少份文件。

解题步骤

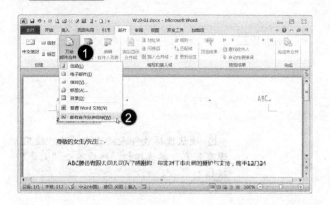

1 单击"邮件"选项卡/"开始邮件合并"下拉按钮；

2 在下拉菜单中选择"邮件合并分步向导"选项；

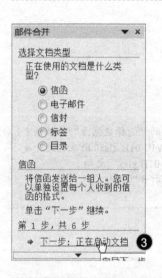

3 在右侧开启的"邮件合并"任务窗格中，确认文档类型所选中的为"信函"，然后单击"下一步：正在启动文档"按钮；

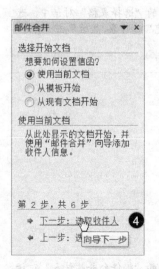

4 确认开始文档所选中的为"使用当前文档"单选按钮，然后单击"下一步：选取收件人"按钮；

5 确认选择收件人所选中的为"使用现有列表"单选按钮，然后单击"浏览"按钮；

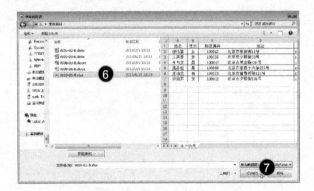

6 在开启的"选择数据源"对话框中，打开文档"W10-01B.xlsx"所在的文件夹，选中"W10-01B.xlsx"文档；
7 单击"打开"按钮；

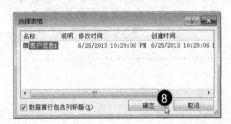

8 在开启的"选择表格"对话中，选中"客户信息"工作表，然后单击"确定"按钮；

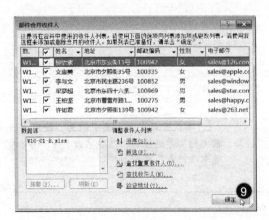

9 在开启的"邮件合并收件人"对话框中，单击"确定"按钮；

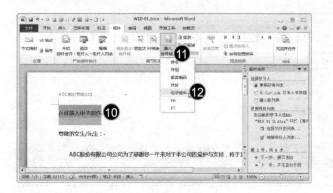

⑩ 选中文档正文上方的注释"在此插
入电子邮件";
⑪ 单击"邮件"选项卡 /"插入合并域"
下拉按钮;
⑫ 在下拉菜单中选择"电子邮件"
选项;

⑬ 单击"邮件"选项卡 /"预览结果"
按钮;

⑭ 单击"邮件"选项卡 /"编辑收件
人列表"按钮;

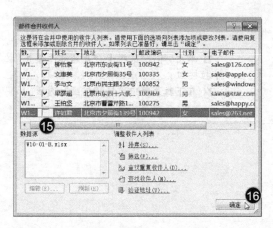

⑮ 在开启的"邮件合并收件人"对话
框中,取消邮件地址为"sales@263.net"
的收件人"许如君"前方复选框的选中;
⑯ 单击"确定"按钮;

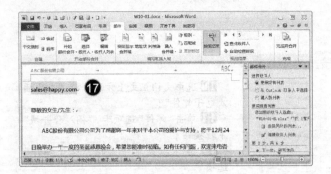

17 完成后的效果如左图所示。

任务 10-2　创建信函邮件合并和排除重复记录（专家级）

请完成以下两项任务：

◆　根据当前文档创建信函合并，使用"W10-02-B.xlsx"中的数据填充收件人列表，添加"姓名"字段以替换文字"请在此插入字段"；

◆　从合并中排除重复记录并预览合并结果。

⟹素材文档：W10-02.docx；W10-02-B.xlsx

⟹结果文档：W10-02-R.docx

任务解析

在邮件合并中，如果数据源中包含重复的记录，邮件合并后的结果也会出现重复。为了避免这种情况的发生，可以通过编辑收件人列表排除重复记录。

解题步骤

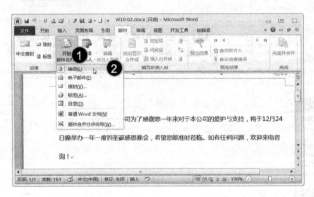

1 单击"邮件"选项卡/"开始邮件合并"下拉按钮；

2 在下拉菜单中选择"信函"选项；

③ 单击"邮件"选项卡 /"选择收件人"
下拉按钮；
④ 在下拉菜单中选择"使用现有列表"
选项；

⑤ 在开启的"选取数据源"对话框中，
打开文档"W10-02-B.xlsx"所在文件夹，
并选中该文档；
⑥ 单击"打开"按钮；

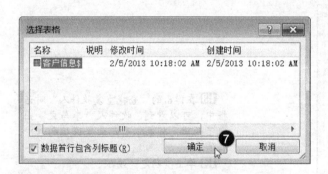

⑦ 在弹出的"选择表格"对话框中，
确认工作表"客户信息"处于默认选中
状态，单击"确定"按钮；

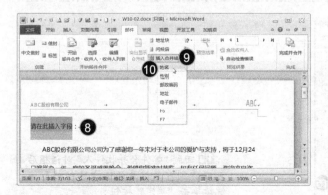

⑧ 选择文档中突出显示的文本"请在
此插入字段"；
⑨ 单击"邮件"选项卡 /"插入合并域"
下拉按钮；
⑩ 在下拉菜单中单击"姓名"字段，
可以看到之前选中的文本已经被替换为
刚刚插入的"姓名"字段；

11 单击"邮件"选项卡 / "编辑收件人列表"按钮；

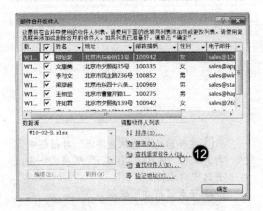

12 在开启的"邮件合并收件人"对话框中，单击"查找重复收件人"按钮；

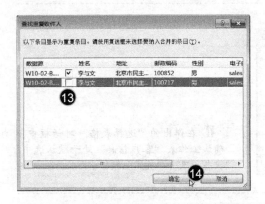

13 在弹出的"查找重复收件人"对话框中，可以看到，收件人"李与文"出现了两次，将第二条记录复选框的选中取消；

14 单击"确定"按钮；

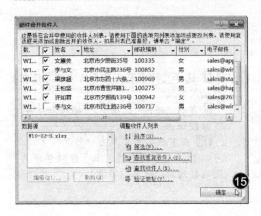

15 回到"邮件合并收件人"对话框后，可以看到重复记录的选中已经被取消，继续单击"确定"按钮；

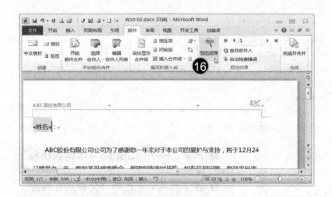

16 单击"邮件"选项卡／"预览结果"按钮；

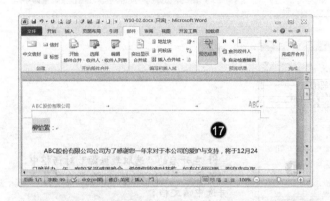

17 完成后的效果如左图所示。

任务 10-3　创建信封邮件合并（专家级）

不要开始新的合并，使用"W10-03-B.xlsx"中的数据填充收件人列表，添加姓名和电子邮件字段以替换相应的占位符。然后编辑个人文档以完成合并，并将合并结果保存在"文档"文件夹中，名称为"信封合并"（如果在 Windows XP 环境下，将文档保存在"我的文档"文件夹中）。

➡素材文档：W10-03.docx；W10-03-B.xlsx
➡结果文档：W10-03-R.docx

任务解析

邮件合并应用的领域主要有批量产生信函、电子邮件、信封和标签等，本任务要求的就是进行信封的合并，将数据源中记录的姓名和电子邮件字段添加到每一个信封的相应位置。

解题步骤

❶ 单击"邮件"选项卡 /"选择收件人"下拉按钮；

❷ 在下拉菜单中选择"使用现有列表"选项；

❸ 在开启的"选取数据源"对话框中，打开文档"W10-03-B.xlsx"所在文件夹，并选中该文档；

❹ 单击"打开"按钮；

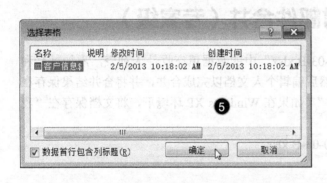

❺ 在弹出的"选择表格"对话框中，确认工作表"客户信息"处于默认选中状态，单击"确定"按钮；

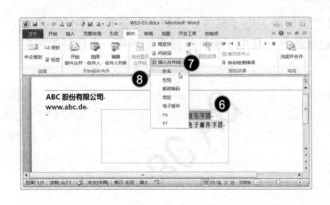

❻ 选中文档中突出显示的文本"插入姓名字段"；

❼ 单击"邮件"选项卡 /"插入合并域"下拉按钮；

❽ 在下拉菜单中单击"姓名"字段，可以看到之前选中的文本已经被替换为刚刚插入的"姓名"字段；

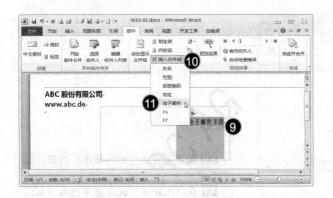

⑨ 选中文档中突出显示的文本"插入电子邮件字段";

⑩ 单击"邮件"选项卡 /"插入合并域"下拉按钮;

⑪ 在下拉菜单中单击"电子邮件"字段,可以看到之前选中的文本已经被替换为刚刚插入的"电子邮件"字段;

⑫ 单击"邮件"选项卡 /"完成并合并"下拉按钮;

⑬ 在下拉菜单中选择"编辑个人文档"选项;

⑭ 在弹出的"合并到新文档"对话框中,默认选中的为"全部"选项,无需更改,直接单击"确定"按钮,完成邮件合并;

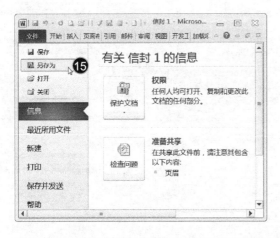

⑮ 单击"文件"选项卡 /"另存为"子选项卡;

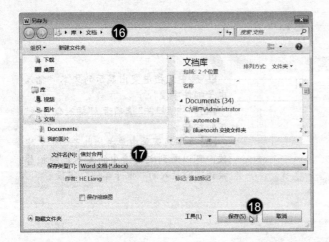

16 在"另存为"对话框中，打开"文档"文件夹；

17 在"文件名"文本框中输入"信封合并"；

18 单击"保存"按钮。

设置 Word 2010 选项

任务 11-1 文档中设置拼写检查

取消选中"键入时检查拼写"选项。

➡️素材文档：W11-01.docx

任务解析

在输入文本的过程中，Word 2010 会自动检查文字的拼写和正误，如果检查到有误的词汇，会自动做出标记。如果使用者不希望在文档中显示这些标记，可以取消 Word 的拼写检查。

解题步骤

1 单击"文件"选项卡/"选项"子选项卡；

2 在开启的"Word选项"对话框中，单击左侧导航栏的"校对"子选项卡；

3 取消"键入时检查拼写"复选框的选中；

4 单击"确定"按钮；

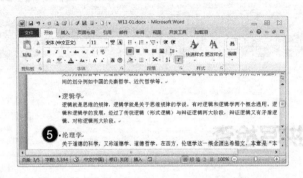

5 完成后的效果如左图所示。

任务 11-2　设置 Word 2010 自动更正例外项

将单词"Graeco"设置为自动更正例外项，避免对其执行任何操作。

➡️素材文档：W11-02.docx

任务解析

对于一些常见的拼写和词汇用法的错误，Word 2010 将其设置为默认的自动更正选项，如果在输入文本时，出现了这些 Word 默认为错误的情况，Word 会自动对其做出修改。如果有些词汇，使用者希望在任何情况下，Word 不对其进行更改，那么可以将其设置为自动更正例外项。

解题步骤

1 单击"文件"选项卡/"选项"子选项卡；

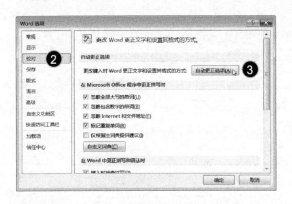

2 在开启的"Word选项"对话框中，单击左侧导航栏的"校对"子选项卡；
3 单击右侧"自动更正选项"按钮；

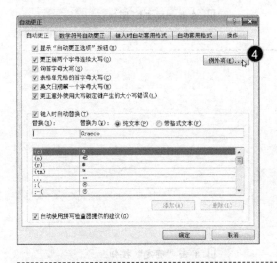

4 在开启的"自动更正"对话框中，单击"例外项"按钮；

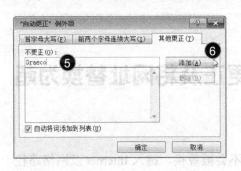

5 在开启的"'自动更正'例外项"对话框中，在"不更正"文本框中输入"Graeco"；
6 单击右侧"添加"按钮；

7 单击"确定"按钮；

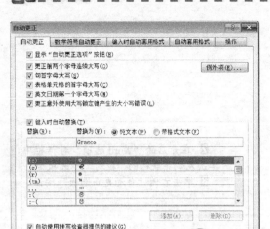

⑧ 单击"确定"按钮；

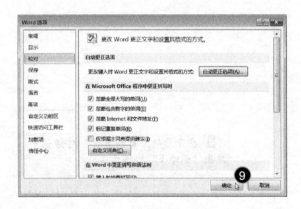

⑨ 单击"确定"按钮。

任务 11-3　取消文字的自动更正及将网址替换为超链接

自定义自动更正选项，以便用户键入时，文字不会被替换，键入 Internet 及网络路径也不会被替换为超链接。

⇒素材文档：W11-03.docx

任务解析

如果使用者希望在输入文本时，即使出现 Word 2010 默认为错误的情况，也不会被自动更正，那么可以在 Word 选项中将 Word 设置为不替换输入文字。在输入网址时，Word 会自动将其替换为超链接，如果使用者需要避免这种自动设置，也可以在 Word 选项中进行相应调整。

解题步骤

❶ 单击"文件"选项卡 /"选项"子选项卡；

❷ 在开启的"Word选项"对话框中，单击左侧导航栏的"校对"子选项卡；
❸ 单击右侧"自动更正选项"按钮；

❹ 在开启的"自动更正"对话框中，取消"键入时自动替换"复选框的选中；
❺ 单击"自动套用格式"选项卡；

❻ 取消对"Internet 及网络路径替换为超链接"复选框的选中；
❼ 单击"确定"按钮；

8 单击"确定"按钮。

任务 11-4　修改 Word 2010 的保存选项

将自动恢复文件的位置更改为文档文件夹中的"自动恢复"文件夹。

⟹素材文档：W11-04.docx

任务解析

Word 文档在编辑过程中，每隔一定的时间，都会自动进行保存，自动保存的位置，使用者可以在自动恢复文件的位置选中中进行更改。

解题步骤

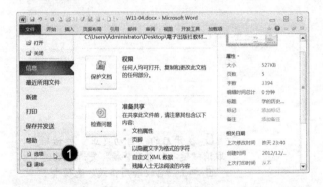

1 在开始练习之前，先在"文档"文件夹中创建一个新的文件夹，名称为"自动恢复"。然后，打开素材文档，单击"文件"选项卡/"选项"子选项卡；

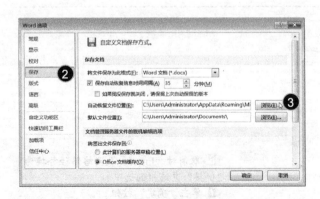

2 单击左侧窗格的"保存"子选项卡；
3 单击右侧"自动恢复文件位置"文本框右侧的"浏览"按钮；

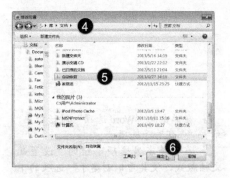

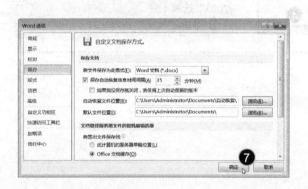

4 在开启的"修改位置"对话框中，打开"文档"文件夹；

5 选中"自动恢复"文件夹；

6 单击"确定"按钮；

7 单击"确定"按钮。

任务 11-5 设置 Word 2010 选项（专家级）

设置兼容性选项，以便使当前文档的版式看似创建于 Microsoft Office Word 2003。

» 素材文档：W11-05.docx

任务解析

在软件安装完毕后，Word 2010 对用户界面、显示方式和保存方式等都进行了默认设置，通常使用者无须更改这些设置。如果使用者出于特殊的需要，需要更改这些设置，那么可以在 Word 选项中进行。例如，在本任务中，使用者需要使文档显示兼容较低版本的 Word 软件，就需要通过设置 Word 选项来实现。

解题步骤

1 单击"文件"选项卡 / "选项"子选项卡；

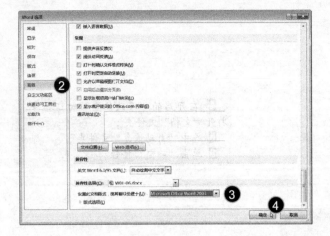

2 在弹出的"Word选项"对话框中，单击"高级"子选项卡；

3 在"兼容性选项"组的"设置此文档版式，使其看似创建于"选项的下拉列表中，选择"Microsoft Office Word 2003"选项；

4 单击"确定"按钮。

第三篇

Excel 2010应用

创建和格式化 Excel 工作表

任务 1-1 查找和替换单元格内容

在工作表"销售资料"中，使用查找和替换功能来查找"产品编号"列中的"46700"，并将它们替换为"56700"。

⇒素材文档：E01-01.xlsx
⇒结果文档：E01-01-R.xlsx

任务解析

使用者有时需要查找工作表中的某个数据所出现的位置或者将某个数据替换为其他数值，这时可以使用 Excel 2010 所提供的查找和替换功能。如果使用者仅仅需要将工作表中某一片单元格区域中的某个值替换为其他数值，那么可以在替换前，先选中这片单元格区域。这样，在区域以外的数值，就不会被替换。

解题步骤

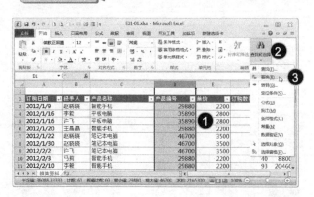

⒈ 选中"产品编号"列；
⒉ 单击"开始"选项卡/"查找和替换"下拉按钮；
⒊ 在下拉菜单中选择"替换"选项；

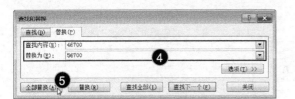

④ 在开启的"查找和替换"对话框中，在查找内容文本框中输入"46700"，在"替换为"文本框中输入"56700"；

⑤ 单击"全部替换"按钮；

⑥ 在弹出的提示对话框中，直接单击"确定"按钮；

⑦ 单击"关闭"按钮；

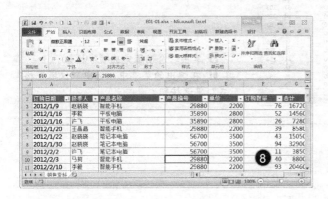

⑧ 完成后的效果如左图所示。

任务 1-2　快速填充工作表列的内容

在工作表"销售资料"中，使用自动填充功能，将单元格"A3"的格式复制到数据系列的结尾。

⇒素材文档：E01-02.xlsx

⇒结果文档：E01-02-R.xlsx

任务解析

在表格的某列中，输入了第一个数据之后，如果下面的数据都相同或者具有一定规律，那么就可以使用 Excel 2010 所提供的自动填充功能，快速建立整列的数据。使用自动填充功能除了可以快速填充数据，还可以仅仅向下填充首个单元格中的格式。

解题步骤

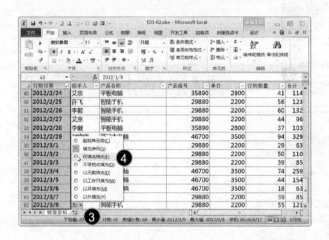

1 选中单元格 "A3"；

2 将光标移动到单元格 "A3" 右下角的填充柄,此时光标会变为 "十字" 形状,然后双击填充柄,完成填充；

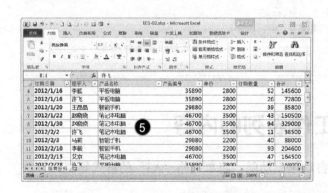

3 单击 "自动填充选项" 按钮；

4 在弹出的菜单中,选中 "仅填充格式" 单选按钮；

5 完成后的效果如左图所示。

任务 1-3 复制与粘贴单元格中的数值

工作表 "销售统计" 中,复制单元格区域 "F3:F9",并仅将数值粘贴到单元格区域 "E13:E19" 中。

⇒ 素材文档：E01-03.xlsx

⇒ 结果文档：E01-03-R.xlsx

任务解析

如果某个单元格区域中的数值是由公式计算所得出的，并且设置了各种格式，但使用者仅仅希望将该区域中的数值复制到其他位置，而不包含公式与格式，那么可以使用选择性粘贴中的仅粘贴数值选项来达到这个目的。

解题步骤

1️⃣ 选中单元格区域 "F3:F9"；
2️⃣ 单击 "开始" 选项卡 / "复制" 按钮；

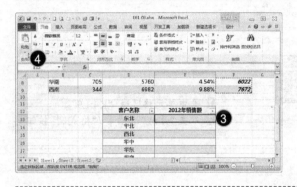

3️⃣ 选中单元格 "E13"；
4️⃣ 单击 "开始" 选项卡 / "粘贴" 下拉按钮；

5️⃣ 在下拉菜单中单击 "值" 按钮；

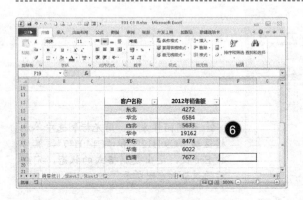

6️⃣ 完成后的效果如左图所示。

任务1-4 应用格式刷复制单元格格式

在工作表"近三年销售统计"中，使用格式刷对单元格区域"C4:H7"、"C9:H12"及"C14:H17"，应用数据区域"K4:L9"的格式。

➡️素材文档：E01-04.xlsx
➡️结果文档：E01-04-R.xlsx

任务解析

如果使用者仅仅希望将某个单元格区域中的格式应用到其他位置，而不包含其中的数据，那么可以使用格式刷功能。双击格式刷按钮，还可以将单元格区域中的格式连续复制到其他多个位置。

解题步骤

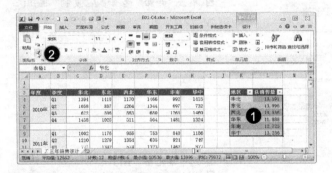

❶ 选中单元格区域"K4:L9"；
❷ 双击"开始"选项卡/"格式刷"按钮；

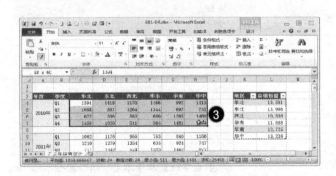

❸ 可以看到，此时光标变为了刷子状，用光标刷选中单元格区域"C4:H7"，然后就可以看到该区域已经应用了刚刚复制的格式；

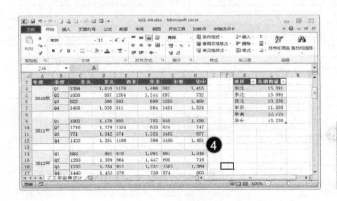

❹ 使用同样方法，用光标刷选中单元格区域"C9:H12"和"C14:H17"，然后按Esc键，退出复制格式的状态，完成后的效果如左图所示。

任务1-5　设置单元格的样式

在工作表"销售统计"中，将标题1的样式更改为16号字体（注意：接受所有其他的默认设置）。

➡️素材文档：E01-05.xlsx
➡️结果文档：E01-05-R.xlsx

任务解析

在工作表中，某一类单元格，如标题，往往需要设置相同的格式。这时，可以对该类单元格设置样式，样式包括单元格的数字格式、填充颜色、字体颜色和边框等多个方面。在今后的工作中，要设置该类单元格的格式，不必再一一设置，而是可以直接应用已经建立的样式，不仅可以提高工作效率，还可以确保文档风格的统一。

解题步骤

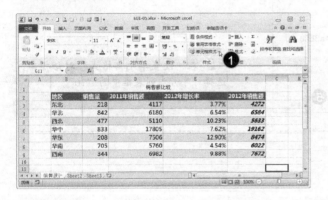

1 单击"开始"选项卡 / "单元格样式"下拉按钮；

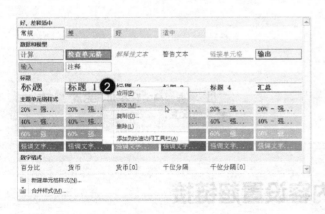

2 在下拉菜单中右击"标题1"，在右键菜单中选择"修改"选项；

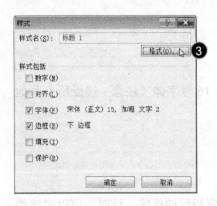

③ 在开启的"样式"对话框中，单击"格式"按钮；

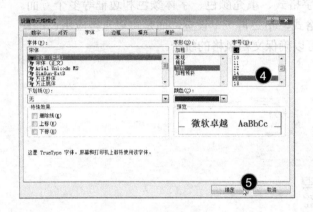

④ 在"设置单元格格式"对话框中，选择"字号"列表框中的"16"；
⑤ 单击"确定"按钮。

⑥ 单击"确定"按钮，完成"标题1"样式的设置。

任务1-6 为单元格内容设置超链接

在工作表"销售汇总"中，更改单元格"C1"中的超链接，使其链接到工作表"近三年销售统计"中的单元格"A1"。

⟹素材文档：E01-06.xlsx
⟹结果文档：E01-06-R.xlsx

任务解析

在工作表中，可以对某个单元格中的内容添加超链接，以便今后单击该单元格，就可以自动定位到本文档中的某个位置，或者打开其他某个文档，或者打开某个网站地址。

解题步骤

❶ 选中单元格"C1"；

❷ 右击单元格"C1"，在菜单中选择"编辑超链接"选项；

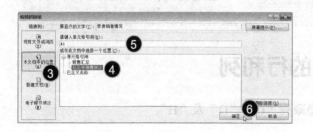

❸ 在开启的"编辑超链接"对话框中，选中左侧"链接到"窗格中的"本文档中的位置"；

❹ 选择文档中的位置"近三年销售统计"选项；

❺ 在"请键入单元格引用"文本框中输入"A1"；

❻ 单击"确定"按钮，完成链接的修改。

任务1-7　合并单元格

在工作表"近三年销售统计"中，合并区域"A1:H1"中的单元格，并设置为居中对齐。
⇒ 素材文档：E01-07.xlsx
⇒ 结果文档：E01-07-R.xlsx

任务解析

有时需要将工作表中的某些连续的单元格合并为一个大的单元格，以便存放表格的标题或者大段的文字。为了实现这个目的，可以使用 Excel 2010 中的合并单元格功能，并可以进一步选择数据在合并后的单元格中的对齐方式。

❶ 选中单元格区域"A1:H1"；
❷ 单击"开始"选项卡 / "合并后居中"
按钮；

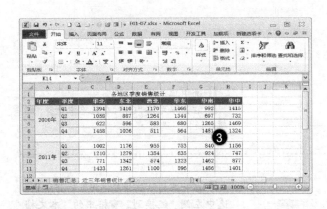

❸ 完成后的效果如左图所示。

任务 1-8　隐藏单元格的行和列

在工作表"近三年销售统计"中，隐藏列"C"、"D"及"H"。

⇒素材文档：E01-08.xlsx

⇒结果文档：E01-08-R.xlsx

任务解析

如果使用者不希望某些行或者列的数据显示在工作表中，这时可以选择将这些行或者列隐藏起来。被隐藏的数据依然可以被其他单元格所引用，以参加计算或者作为图表的数据源。

解题步骤

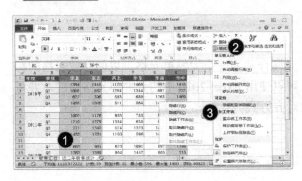

❶ 按住 Ctrl 键，同时选中列"C"、"D"
及"H"；
❷ 单击"开始"选项卡 / "格式"下拉
按钮；
❸ 在下拉菜单中选择"隐藏和取消隐
藏"选项，然后在级联菜单中单击"隐
藏列"；

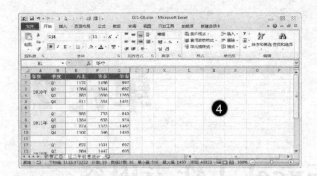

任务 1-9　设置工作表标签的格式

用颜色标识每个年份标签，以便每个标签都有不同的颜色。

⟹素材文档：E01-09.xlsx

⟹结果文档：E01-09-R.xlsx

任务解析

使用者不但可以重新设置每个工作表的名称，还可以设置工作表标签的颜色，从而不但可以达到美观的目的，还可以使不同的工作表更加容易被区分出来。

解题步骤

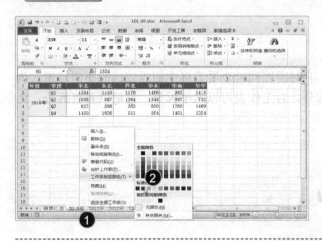

（1） 右击工作表标签 "2010 年"；

（2） 在打开的菜单中选择 "工作表标签颜色" 选项，在级联菜单中单击任意一种颜色，如红色；

（3） 按照同样方法，分别为工作表标签 "2011 年" 和 "2012 年" 设置不同的颜色，如此处的黄色和蓝色，完成后的效果如左图所示。

单元 2

查看和输出 Excel 工作表内容

任务 2-1 拆分工作表窗口

将工作表垂直拆分为两个单独的窗格。

⟹素材文档：E02-01.xlsx

⟹结果文档：E02-01-R.xlsx

任务解析

对于一个包含大量数据的工作表，有时需要同时查看表格中相隔较远的不同位置。为了实现这个目的，可以对工作表进行拆分。对工作表可以水平拆分，也可以垂直拆分，还可以同时进行水平和垂直拆分。

解题步骤

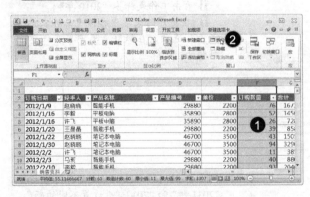

1 选中工作表中任意一列（A 列除外），如 F 列；

2 单击"视图"选项卡 / "拆分"按钮；

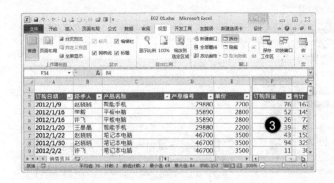

❸ 完成后的效果如左图所示。

任务 2-2　自定义工作簿视图

在工作表"销售资料"中，创建名为"预览1"的自定义视图，该视图以"分页预览"视图显示文档，显示比例为75%（注意：接受所有其他的默认设置）。

⇒ 素材文档：E02-02.xlsx

⇒ 结果文档：E02-02-R.xlsx

任务解析

使用者在对某个工作表完成了各种显示和打印的设置之后，如果未来会经常使用到这种设置，那么可以将当前的设置保存为一个自定义的视图。今后需要的时候，可以直接调出这个视图，而不必再重新一一进行设置。

解题步骤

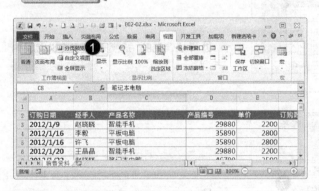

❶ 单击"视图"选项卡／"分页预览"按钮；

❷ 在开启的提示对话框中直接单击"确定"按钮；

3 单击"视图"选项卡/"显示比例"
按钮；

4 在开启的"显示比例"对话框中，
选中"75%"单选按钮；
5 单击"确定"按钮；

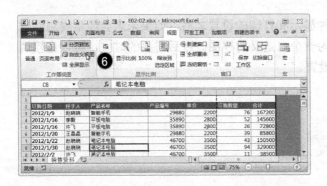

6 单击"视图"选项卡/"自定义视图"
按钮；

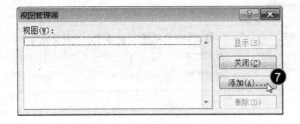

7 在开启的"视图管理器"对话框中，
单击"添加"按钮；

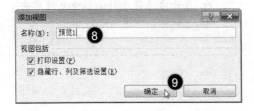

8 在接着开启的"添加视图"对话框
中，在"名称"文本框中输入"预览1"；
9 单击"确定"按钮，完成自定义视
图的添加。

任务 2-3　在不同工作簿之间复制和移动工作表

复制工作簿"E02-03-A"中的"产品信息"工作表，并将其插入到工作簿"E02-03-B"中的工作表"销售汇总"和"2010年"之间。

　素材文档：E02-03-A.xlsx；E02-03-B.xlsx
　结果文档：E02-03-R.xlsx

任务解析

如果希望在某个Excel工作簿中使用另外一个工作簿中的某个工作表，那么可以将该工作表直接复制过来。复制过来的工作表可以放置到当前工作簿中的某个工作表的前面或者后面。

解题步骤

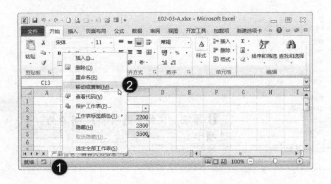

1 同时开启工作簿"E02-03-A"和"E02-03-B"，切换到工作簿"E02-03-A"，右击"产品信息"工作表；
2 在菜单中选择"移动或复制"选项；

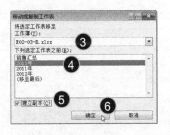

3 在开启的"移动或复制工作表"对话框中，单击"工作簿"列表框右侧下拉按钮，在下拉列表中选择工作簿"E02-03-B"选项；
4 在下方"下列选定工作表之前"列表框中，选中工作表"2010年"；
5 选中"建立副本"复选框；
6 单击"确定"按钮；

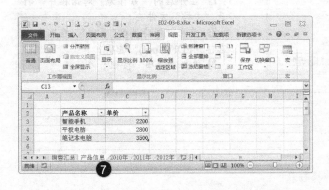

7 切换到工作簿"E02-03-B"，可以看到完成后的效果如左图所示。

任务 2-4 保存工作簿内容

将整个工作簿另存为 PDF 格式，并保存到"文档"文件夹。

⇒ 素材文档：E02-04.xlsx

⇒ 结果文档：E02-04-R.pdf

任务解析

在 Excel 2010 中可以直接将工作簿保存为 PDF 格式。在保存之前，可以选择是仅保存某个单元格区域，还是保存整个工作表乃至工作簿。

解题步骤

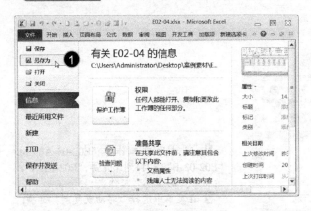

❶ 单击"文件"选项卡 /"另存为"子选项卡；

❷ 在开启的"另存为"对话框中，打开"文档"文件夹；

❸ 单击"保存类型"按钮，在列表中选择"PDF(*.pdf)"选项；

❹ 单击"选项"按钮；

⑤ 在"选项"对话框中,选中"整个工作簿"单选按钮;
⑥ 单击"确定"按钮;

⑦ 单击"保存"按钮。

任务 2-5 重复打印表格标题行

设置页面设置选项,以便在打印工作表时仅重复表格标题。

➤素材文档:E02-05.xlsx
➤结果文档:E02-05-R.xlsx

任务解析

对于一个 Excel 中的大型表格,在打印的时候,往往需要多页。这时,为了方便阅读,习惯上需要让表格的标题行在每个页面的顶端重复显示。在 Excel 2010 中打印标题的功能可以实现这个目标。

解题步骤

> ❶ 单击"页面布局"选项卡/"打印标题"按钮；

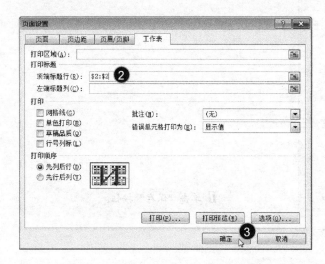

> ❷ 在"顶端标题行"文本框中输入"$2:$2"；
> ❸ 单击"确定"按钮，完成设置。

任务 2-6 设置打印工作表的页面布局

将页边距设置如下

◆　上下 1.8 厘米；

◆　左右 0.8 厘米；

◆　页眉和页脚 1.2 厘米。

➡️素材文档：E02-06.xlsx

➡️结果文档：E02-06-R.xlsx

任务解析

在打印工作表中的数据之前，需要首先对其进行页面设置。页面设置主要包含上下、左右页边距的宽度及页眉页脚的位置。通过对这些数值进行调整，可以将表格打印在纸张中合适的位置。

解题步骤

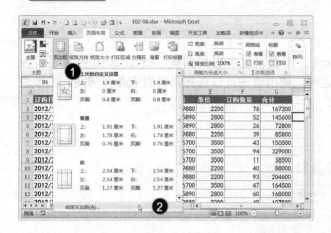

❶ 单击"页面布局"选项卡 / "页边距"下拉按钮；

❷ 在下拉菜单中选择"自定义页边距"选项；

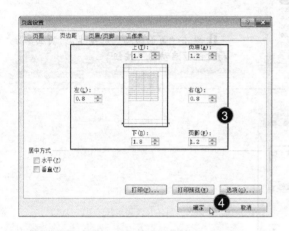

❸ 在开启的"页面设置"对话框的"页边距"选项卡中，在"上"和"下"数值框中分别输入"1.8"，在"左"和"右"数值框中分别输入"0.8"，在"页眉"和"页脚"数值框中分别输入"1.2"；

❹ 单击"确定"按钮；

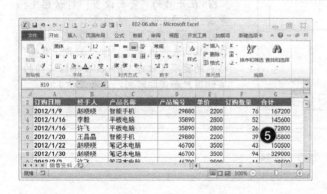

❺ 完成后的效果如左图所示，可以看到，工作表的所有列已经被调整到了同一页面中。

任务 2-7 为工作表添加页眉和页脚

在工作表"销售资料"中，添加使用"制作人 日期，页码"格式的页眉。向右侧页脚添加字段，以便自动显示文件路径。

➡️素材文档：E02-07.xlsx
➡️结果文档：E02-07-R.xlsx

任务解析

和 Word 文档类似，也可以对 Excel 工作表设置页眉和页脚。Excel 2010 内置了多种页眉和页脚样式供使用者选择。除此之外，使用者还可以选择向页眉或者页脚插入工作表名称、文件名称、页码和页数等元素。

解题步骤

❶ 单击"页面布局"选项卡/"页面布局对话框启动器"按钮；

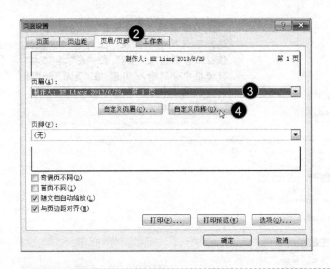

❷ 在开启的"页面设置"对话框中，单击"页眉/页脚"选项卡；

❸ 单击"页眉"列表框右侧下拉按钮，在下拉列表中选择"制作人日期，页码"格式的页眉（注意：Excel 会根据文档的实际用户和实际时间，自动显示）；

❹ 单击"自定义页脚"按钮；

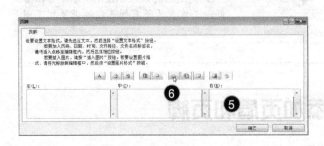

❺ 在开启的"页脚"对话框中，将光标定位到右侧页脚；

❻ 单击"插入文件路径"按钮；

7 单击"确定"按钮；

8 单击"确定"按钮，完成页眉和页脚的设置。

单元 3

Excel 公式与函数的高级应用

任务 3-1 编辑单元格公式

在工作表"增长率"中,使用圆括号更改单元格"C3"的计算顺序,以使其正确计算"2011年"到"2012年"的百分比增加值。

⟹素材文档：E03-01.xlsx
⟹结果文档：E03-01-R.xlsx

任务解析

公式是 Excel 工作表中进行数值计算的等式。公式输入是以"="开始的。简单的公式有加、减、乘、除等计算,复杂一些的公式还可能包含函数。对于相同级别的运算符,Excel 默认是从左向右进行计算,如果需要改变公式的运算顺序,可以通过在公式中添加括号的方式来实现。

解题步骤

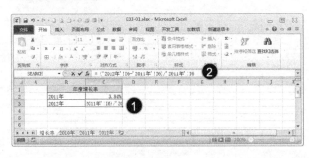

❶ 选中单元格"C3";
❷ 将编辑栏中的公式由之前的"='2012年'!I6-'2011年'!I6/'2011年'!I6"修改为"=('2012年'!I6-'2011年'!I6)/'2011年'!I6";

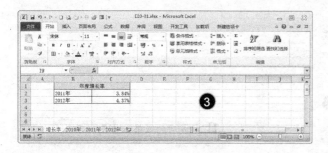

3 完成后的效果如左图所示。

任务 3-2 编辑公式的相对与绝对引用

在工作表"销售资料"中,编辑单元格"G3"中的公式,以便将公式复制到单元格"G62"时,可以自动保持正确的单元格引用。将公式复制到单元格"G62"。

⟹素材文档：E03-02.xlsx

⟹结果文档：E03-02-R.xlsx

解题步骤

在进行公式复制时（如向下复制），单元格的引用也会跟着发生相应的变化，这称为相对引用，是 Excel 默认的引用方式。在引用那些不想在公式被复制时发生变化的单元格时，应使用绝对引用。可以通过键入美元符号的方式将引用类型改为绝对引用。更简单的方式是，选中所要更改的单元格引用，按 F4 键，就可以看到引用在相对和绝对之间反复变化。

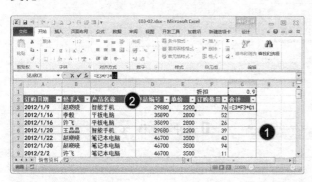

1 选中单元格"G3"；

2 在编辑栏中选中公式中的"G1"，按 F4 键，然后按 Enter 键完成公式的修改；

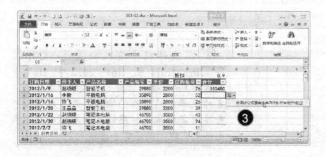

3 单击"自动更正选项"按钮，在菜单中选择"使用此公式覆盖当前列中的所有单元格"选项；

❹ 完成后的效果如左图所示。

任务 3-3　跨工作表公式计算

在工作表"三年汇总"中，向单元格"C2"插入公式，以便计算其他 3 个工作表中单元格"I6"的值的总和。

➡️ 素材文档：E03-03.xlsx

➡️ 结果文档：E03-03-R.xlsx

任务解析

在 Excel 中，公式除了可以引用本工作表中的单元格进行计算，还可以引用其他工作表中的单元格。在公式中，单击相应的工作表中所要引用的单元格，就可以自动将其输入到公式中。

解题步骤

❶ 选中单元格"C2"；

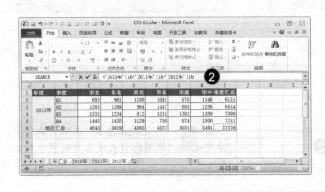

❷ 在编辑栏中输入公式"= '2010年' !I6+ '2011年 '!I6+' 2012年' !I6"，然后按 Enter 键（注意：公式中的工作表名称及单元格名称的输入，都可以通过直接用鼠标单击相应的工作表标签及单元格来实现，而不需手动输入）；

③ 完成后的效果如左图所示。

任务 3-4　创建修改单元格名称

在工作表"2012 年"中，编辑单元格名称"华南"，以使它仅包含该地区的目标值。

➣素材文档：E03-04.xlsx

➣结果文档：E03-04-R.xlsx

任务解析

在 Excel 中，可以将某个单元格、单元格区域乃至常量定义为名称。这样，在引用单元格的时候，可以直接用名称代替，从而让 Excel 的公式更容易被理解。

解题步骤

1 单击"公式"选项卡 /"名称管理器"按钮；

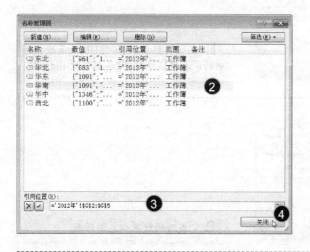

2 在开启的"名称管理器"对话框中，选中名称"华南"；

3 在"引用位置"文本框中输入"= '2012 年' !$G$2:$G$5"；

4 单击"关闭"按钮；

Microsoft Excel

是否要保存对名称引用所做的更改？

⑤ 是(Y)　　否(N)

⑤ 在开启的提示对话框中单击"是"按钮，完成名称的修改。

任务 3-5　在公式中应用单元格名称

在工作表"2012年"的单元格"C6"中，输入一个公式，通过使用现有的命名区域对"华北"列中的数值进行求和。

➥素材文档：E03-05.xlsx

➥结果文档：E03-05-R.xlsx

任务解析

如果一个公式中，需要引用某个单元格或者单元格区域，在将这个单元格或者单元格区域定义为名称后，公式中可以直接引用所定义的名称。

解题步骤

1 选中单元格"C6"；
2 单击"开始"选项卡 / "求和"按钮；

3 在编辑栏中，将"SUM"函数括号中的求和区域修改为"华北"，按 Enter 键；

4 完成后的效果如左图所示。

任务 3-6　应用 MAX 函数统计最大值

在工作表"2012 年"中，向单元格"I2"中插入一个公式，以显示"Q1"行中的最大值。

⟹ 素材文档：E03-06.xlsx

⟹ 结果文档：E03-06-R.xlsx

任务解析

如果要计算某个单元格区域或多个不连续的单元格区域中的最大值，可以使用 MAX 函数。MAX 函数的语法是 MAX(number1, [number2] …)，其中括号中的参数可以是数值，也可以是名称、数组或者单元格引用。

解题步骤

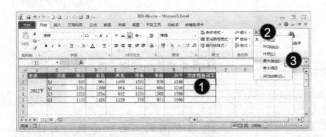

１ 选中单元格"I2"；
２ 单击"开始"选项卡 /"求和"按钮右侧的下拉按钮；
３ 在下拉菜单中选择"最大值"选项；

４ 可以看到在单元格 I2 中，已经插入了"MAX"函数，确认求和区域为"C2:H2"，按 Enter 键；

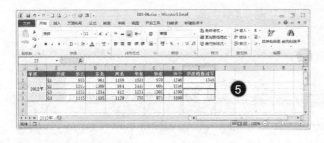

５ 完成后的效果如左图所示。

任务 3-7　应用 IF 函数进行逻辑判断

在工作表"目标达成状况"中，编辑单元格"D4"中的公式，以使其比较"销售目标"列和"实际销售金额"列中的值，并正确显示目标是否达成。

⇒素材文档：E03-07.xlsx
⇒结果文档：E03-07-R.xlsx

任务解析

在工作中，经常需要对某个单元格中的情况进行判断，如果结果为真，则返回某个值，如果结果为假，则返回另外一个值，这就需要使用 IF 函数。IF 函数的语法是 IF(logical_test, [value_if_true], [value_if_false])，其中 logical_test 为所要判断的逻辑条件，[value_if_true] 为条件为真的时候所返回的数值，[value_if_false] 为条件为假时所返回的数值。

解题步骤

① 选中单元格 "D4"；
② 单击编辑栏左侧 "插入函数" 按钮；

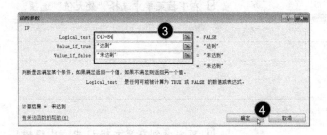

③ 在开启的 "函数参数" 对话框中，在 "Logical_test" 文本框中输入 "C4>=B4"，在 "Value_if_true" 文本框中输入 "达到"（Excel 会自动为文本添加英文状态下的双引号），在 "Value_if_false" 文本框中输入 "未达到"；
④ 单击 "确定" 按钮；

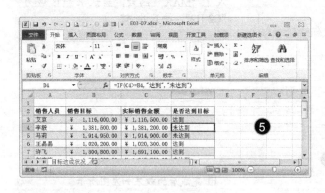

⑤ 完成后的效果如左图所示。

任务 3-8　应用 COUNTIF 函数进行条件统计（专家级）

在工作表 "图书销售统计" 的单元格 "M2" 中，添加一个函数以对 "仓库 2" 中的图书种类进行计数。

⇒素材文档：E03-08.xlsx
⇒结果文档：E03-08-R.xlsx

任务解析

COUNTIF 函数用于对区域中满足单个指定条件的单元格进行计数。例如，可以对以某一字母开头的所有单元格进行计数，也可以对大于或小于某一指定数字的所有单元格进行计数。COUNTIF 函数的语法为：COUNTIF(range, criteria)。其中 range 为要进行计数的单元格区域，criteria 是用于定义对哪些单元格进行计数的条件。

解题步骤

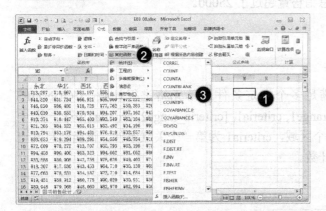

1 选中单元格"M2"；
2 单击"公式"选项卡/"其他函数"下拉按钮；
3 在下拉菜单中选择"统计"函数，在级联菜单中单击"COUNTIF"；

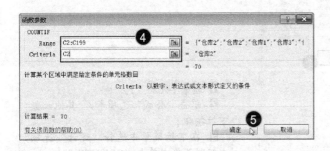

4 这时会开启"函数参数"对话框，在"Range"文本框中输入"C2:C199"，在"Criteria"文本框中输入"C2"；
5 单击"确定"按钮；

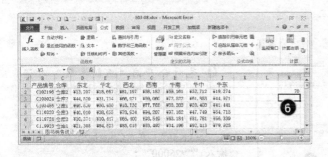

6 得到的计算结果如左图所示。

相关技能

在使用 COUNTIF 函数进行计数的时候，如果使用者对函数的参数还不熟悉，那么最好的方法是使用"函数参数"对话框输入函数，在逐渐对该函数的各个参数熟悉之后，直接在 Excel 的编辑栏中输入函数，效率会更高。例如本任务，可以在选中 M2 单元格后，直接在编辑栏输入"=COUNTIF(C2:C199,C2)"，然后按 Enter 键，即可完成任务的解答。其他函数的输入方法与本任务相同。

任务 3-9　应用 COUNTIFS 函数对符合条件的数据计数（专家级）

在工作表"ABC 计算机销售统计"的单元格 P2 中，使用 COUNTIFS 函数，计算在区域 3 中，有多少名销售人员的年度总销售量超过了 25000。

➡ 素材文档：E03-09.xlsx
➡ 结果文档：E03-09-R.xlsx

任务解析

COUNTIFS 函数用于对区域中满足多个指定条件的单元格进行计数。COUNTIFS 函数的语法为 COUNTIFS(criteria_range1, criteria1, [criteria_range2, criteria2]…)，其中 criteria_range1 为计算关联条件的第一个区域，criteria1 为第一个关联条件。该函数总共可以对 127 个关联条件区域进行多条件计数。

解题步骤

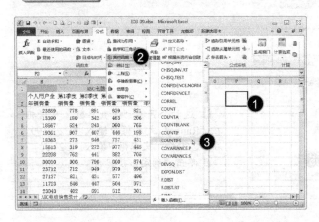

1 选中单元格"P2"；
2 单击"公式"选项卡 /"其他函数"下拉按钮；
3 在下拉菜单中选择"统计"选项，在级联菜单中单击"COUNTIFS"；

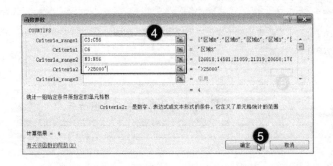

4 这时会开启"函数参数"对话框，在"Criteria_range1"文本框中输入"C3:C56"，在"Criteria1"文本框中输入"C6"，在"Criteria_range2"文本框中输入"N3:N56"，在"Criteria2"文本框中输入"">25000""；
5 单击"确定"按钮；

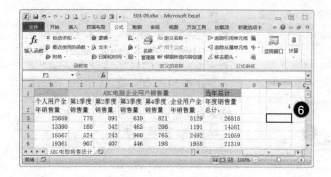

⑥ 得到的计算结果如左图所示。

任务 3-10 应用 SUMIFS 函数对符合条件的数据求和（专家级）

在工作表"图书销售统计"的单元格 M2 中，插入 SUMIFS 函数，计算仓库 2 中以"酒"开头的图书中，销往东北的总金额。

⟹素材文档：E03-10.xlsx

⟹结果文档：E03-10-R.xlsx

任务解析

SUMIFS 函数用于对区域中满足多个条件的单元格求和。例如，以某个字母开头的单元格或者大于某个数值的单元格等。该函数的语法为"SUMIFS(sum_range, criteria_range1, criteria1, [criteria_range2, criteria2] …)"，其中 sum_range 为包含要进行求和的数值的单元格区域，criteria_range1 为第一个关联条件区域，criteria1 为第一个关联条件。SUMIFS 函数最多允许附加 127 个关联区域。

解题步骤

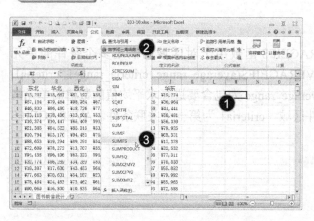

1 选中单元格"M2"；

2 单击"公式"选项卡／"数学和三角函数"下拉按钮；

3 在下拉菜单中单击"SUMIFS"函数；

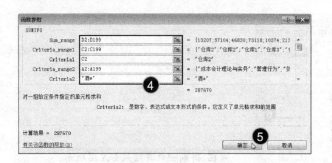

4 这时会开启"函数参数"对话框，在"Sum_range"文本框中输入"D2:D199"，在"Criteria_range1"文本框中输入"C2:C199"，在"Criteria1"文本框中输入"C2"，在"Criteria_range2"文本框中输入"A2:A199"，在"Criteria2"文本框中输入"'酒*'"；

5 单击"确定"按钮；

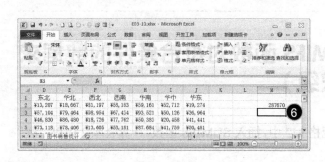

6 得到的计算结果如左图所示。

任务 3-11　应用 AVERAGEIFS 函数统计符合条件的数据平均值（专家级）

在工作表"图书销售统计"的单元格 M2 中，使用 AVERAGEIFS 函数，计算仓库 2 中销往华中的平均值（剔除值为 0 的情况）。

⟶ 素材文档：E03-11.xlsx

⟶ 结果文档：E03-11-R.xlsx

任务解析

与 SUMIFS 函数用法类似，AVERAGEIFS 函数用于对区域内满足多个条件的单元格求平均值。该函数的语法为"AVERAGEIFS(average_range, criteria_range1, criteria1, [criteria_range2, criteria2] …)"，其中 average_range 为包含要进行求平均值的数值的单元格区域，criteria_range1 为第一个关联条件区域，criteria1 为第一个关联条件。AVERAGEIFS 函数最多允许附加 127 个关联区域。

解题步骤

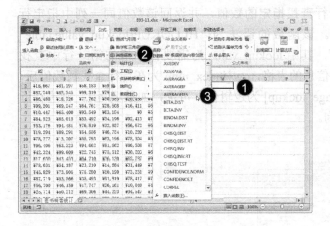

> **1** 选中单元格 "M2"；
> **2** 单击 "公式" 选项卡 / "其他函数" 下拉按钮；
> **3** 在下拉菜单中选择 "统计" 选项，在级联菜单中单击 "AVERAGEIFS"；

> **4** 这时会开启 "函数参数" 对话框，在 "Average_range" 文本框中输入 "I2:I199"，在 "Criteria_range1" 文本框中输入 "C2:C199"，在 "Criteria1" 文本框中输入 "C2"，在 "Criteria_range2" 文本框中输入 "I2:I199"，在 "Criteria2" 文本框中输入 "'<>0'"；
> **5** 单击 "确定" 按钮；

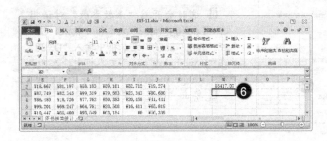

> **6** 得到的计算结果如左图所示。

任务 3-12　应用 HLOOKUP 函数进行数据查询（专家级）

在工作表 "ABC 计算机销售量统计" 的单元格 C10 中，使用 HLOOKUP 函数，查找西南区域的销售经理的总销售量。

➡素材文档：E03-12.xlsx
➡结果文档：E03-12-R.xlsx

任务解析

　　HLOOKUP 函数用于在表格的首行查找指定的数值，并返回该数值同一列中指定行的值。HLOOKUP 中的 H 代表"行"。该函数的语法为"HLOOKUP(lookup_value,table_array, row_index_num,[range_lookup])"，其中 lookup_value 为需要在表格的第一行中查找的数值，table_array 为需要在其中查找信息的表格，row_index_num 为在首行查找到数值后，所要返回的值所在的行的序列号，[range_lookup] 为逻辑值，可选，如果填写 1，则进行近似匹配，如果填写 0，则进行精确查询。

解题步骤

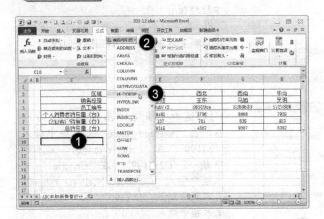

❶ 选中单元格"C10"；
❷ 单击"公式"选项卡 / "查找与引用"下拉按钮；
❸ 在下拉菜单中选择"HLOOKUP"选项；

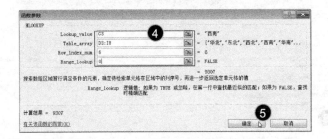

❹ 这时会开启"函数参数"对话框，在"Lookup_value"文本框中输入"G3"，在"Table_array"文本框中输入"D3:J8"，在"Row_index_num"文本框中输入"6"，在"Range_lookup"文本框中输入"0"；
❺ 单击"确定"按钮；

❻ 得到的计算结果如左图所示。

任务 3-13　应用 VLOOKUP 函数进行数据查询（专家级）

在工作表"ABC 计算机销售量统计"的单元格 B12 中，使用 VLOOKUP 函数，查找华东区域的销售经理的总销售量。

➤素材文档：E03-13.xlsx

➤结果文档：E03-13-R.xlsx

任务解析

VLOOKUP 函数用于在表格的首列查找指定的数值，并返回该数值同一行中指定列的值。VLOOKUP 中的 V 代表"列"。该函数的语法为"VLOOKUP(lookup_value,table_array, col_index_num,[range_lookup])"，其中 lookup_value 为需要在表格的第一列中查找的数值，table_array 为需要在其中查找信息的表格，col_index_num 为在首列查找到数值后，所要返回的值所在的列的序列号，[range_lookup] 为逻辑值，可选，如果填写 1，则进行近似匹配，如果填写 0，则进行精确查询。如果表格是横向的，也就是说所要查询的数值在表格的第一行，则使用 HLOOKUP 函数，相反，如果表格是纵向的，即所要查询的数值在表格的第一列，那么应当使用 VLOOKUP 函数。我们日常所建立的表格，大多为纵向的表格，因此 VLOOKUP 函数在工作中应用更为广泛。

解题步骤

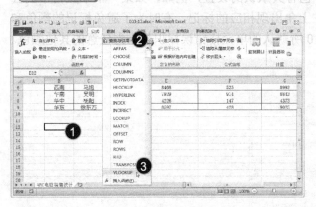

1 选中单元格"B12"；

2 单击"公式"选项卡 / "查找与引用"下拉按钮；

3 在下拉菜单中选择"VLOOKUP"选项；

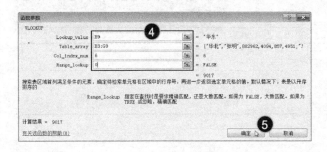

4 这时会开启"函数参数"对话框，在"Lookup_value"文本框中输入"B9"，在"Table_array"文本框中输入"B3:G9"，在"Col_index_num"文本框中输入"6"，在"Range_lookup"文本框中输入"0"；

5 单击"确定"按钮；

6 得到的计算结果如左图所示。

任务 3-14 设置 Excel 选项——更改公式错误标识（专家级）

配置 Excel，以使用红色标识检测到的公式错误。

→ 素材文档：E03-14.xlsx

→ 结果文档：E03-14-R.xlsx

任务解析

在安装完毕，首次使用的时候，Excel 2010 已经包含了各种默认的设置，如显示界面、保存方式等。如果出于特殊需求，要对这些设置进行修改，那么需要在 Excel 选项中更改设置。在函数与公式方面，Excel 2010 也有其默认的设置，例如，如果一个单元格中的公式包含错误，那么会在这个单元格的左上角出现相应的标记，有时为了避免标记的颜色和单元格的底色混淆，可以修改 Excel 2010 所默认的单元格错误标识颜色为任意的其他颜色。

解题步骤

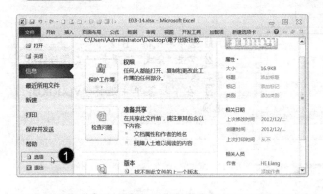

1 单击"文件"选项卡/"选项"子选项卡；

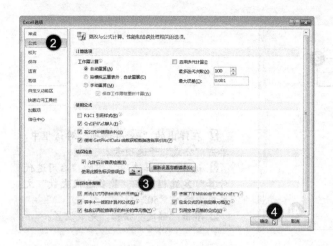

❷ 在开启的"Excel 选项"对话框中，单击"公式"子选项卡；

❸ 单击"错误检查"组中的"使用此颜色标识错误"下拉按钮，在下拉列表中选择"红色"选项；

❹ 单击"确定"按钮，完成设置。

任务 3-15　设置 Excel 选项——启用迭代计算（专家级）

启用迭代计算，并将最多迭代次数设置为"50"。

➡素材文档：E03-15.xlsx

➡结果文档：E03-15-R.xlsx

任务解析

当某个单元格中的公式直接或间接引用了该单元格自身时，就构成了循环引用。例如，单元格 A1 中的公式为"=A1+A2"，这个公式引用了单元格 A1 本身。Excel 可能无法处理这一状况。要想使 Excel 能处理循环引用，就需要启用迭代计算。

所谓迭代是指在满足特定数值条件之前重复计算工作表。迭代计算可对性能产生重要影响。因此在默认情况下，Excel 中关闭了迭代计算。启用迭代计算的同时，还必须确定迭代次数，也就是重新计算公式的次数。

解题步骤

❶ 单击"文件"选项卡 / "选项"子选项卡；

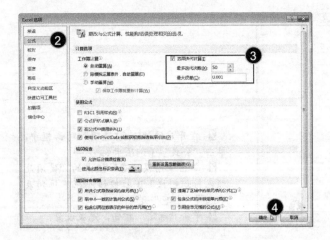

> ② 在弹出的"Excel选项"对话框中，单击"公式"子选项卡；
> ③ 选中"计算选项"组的"启用迭代计算"复选框，在"最多迭代次数"文本框中输入"50"；
> ④ 单击"确定"按钮，完成设置。

任务 3-16　追踪单元格的公式引用（专家级）

在工作表"ABC 计算机销售统计"中，追踪单元格"N57"的所有直接和间接的公式引用。

⟹素材文档：E03-16.xlsx

⟹结果文档：E03-16-R.xlsx

任务解析

引用单元格是指被其他单元格中的公式引用的单元格。例如，如果单元格 D10 的公式为"=B5"，那么单元格 B5 就是单元格 D10 的引用单元格。在一个复杂的工作表中，某个单元格中的公式可能会引用多个其他的单元格，而这些被引用的单元格常常又引用了另外的单元格，由此形成多个级别的直接和间接引用关系，这使得检查公式是否准确或者查找错误根源变得十分困难。

为了帮助检查公式，Excel 提供了"追踪引用单元格"命令，以图形方式显示或追踪某个单元格与其引用单元格之间的关系。

解题步骤

> ① 选中单元格"N57"；
> ② 单击"公式"选项卡 / "追踪引用单元格"按钮；

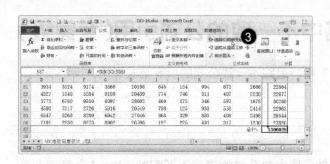

3 可以看到通过箭头的形式指示出了单元格"N57"的所有直接引用的单元格，再次单击"追踪引用单元格"按钮；

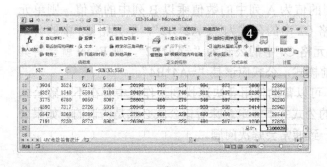

4 可以看到显示出了部分单元格N57的间接引用单元格，第三次单击"追踪引用单元格"按钮，单元格N57的全部直接和间接引用单元格都被显示了出来；

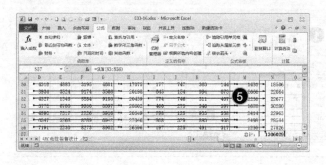

5 完成后的效果如左图所示。

相关技能

与引用单元格类似的是从属单元格，二者正好相反。例如，如果单元格D10中的公式为"=B5"，那么单元格D10就是单元格B5的从属单元格。使用同样的方法，在Excel中也可以追踪某个单元格的从属单元格。下图为追踪单元格H5的从属单元格的完成效果。

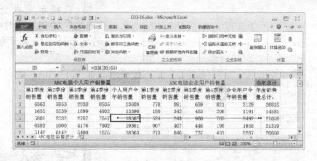

任务 3-17　查找表格中不一致的公式引用（专家级）

在工作表"ABC 计算机销售统计"中，追踪不一致公式的所有公式引用。

　素材文档：E03-17.xlsx

　结果文档：E03-17-R.xlsx

任务解析

当某个单元格中的公式与其相邻单元格中的公式的模式不匹配时，Excel 会将这个单元格做出错误标记。例如，要使 C 列的值为 A 列中的数值乘以 B 列中的数值，则单元格 C1 中的公式为"=A1*B1"，单元格 C2 中的公式为"=A2*B2"，单元格 C3 中的公式为"=A3*B3"，以此类推。如果在单元格 C4 中的公式为"=A4*B2"，则 Excel 就会将其识别为不一致的公式，因为要继续之前模式，公式应该是"=A4*B4"。

Excel 提供了"错误检查"工具，可以帮助使用者快速找到工作表中存在不一致公式的单元格。但需要注意的是，不一致的公式并不一定意味着该公式必然是错误的。如果公式确实是错误的，使单元格引用保持一致通常会解决问题。

解题步骤

1 单击"公式"选项卡 / "错误检查"按钮；

2 在弹出的"错误检查"对话框中，会显示出找到的第一个公式不一致的单元格，继续单击"下一个"按钮；

3 在提示完成查找的对话框中单击"确定"按钮，此时被找到的公式不一致的单元格 N13 处于被选中状态；

4 单击"公式"选项卡 / "追踪引用单元格"按钮，可以看到通过箭头的形式指示出了单元格 N13 的所有直接引用的单元格；

⑤ 再次单击"追踪引用单元格"按钮，可以看到单元格 N13 的全部直接和间接引用单元格都被指示了出来；

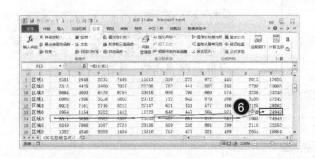

⑥ 完成后的效果如左图所示。

任务 3-18　应用公式求值工具更正公式错误（专家级）

在工作表"课酬统计"中，使用"公式求值"工具，更正单元格 G5 中的错误。

➡素材文档：E03-18.xlsx

➡结果文档：E03-18-R.xlsx

任务解析

在 Excel 中，对于比较复杂的计算公式，例如包含多层嵌套函数的公式，当计算结果为错误值时，如何快速检查计算公式的错误呢？Excel 所提供的"公式求值"工具，可以帮助使用者检查公式每一步的计算结果，从而找出错误所在。需要注意的是，公式求值工具仅仅通过分步计算复杂公式，来帮助找到错误所在，其本身不能自动更正错误。

解题步骤

① 选中单元格"G5"；

② 单击"公式"选项卡 /"公式求值"按钮；

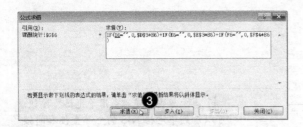

❸ 在开启的"公式求值"对话框中，在上方的文本框中可以看到单元格 G5 的公式，反复单击"求值"按钮，可以看到分步运算的结果；

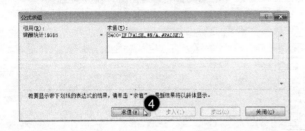

❹ 在出现"#VALUE！"时，仔细观察该部分的有问题的公式，可以发现是单元格引用出现了错误，将 F3 单元格误引用了 F4 单元格，观察完毕后，继续反复单击"求值"按钮；

❺ 在全部公式运算完成后，单击"关闭"按钮，结束公式求值；

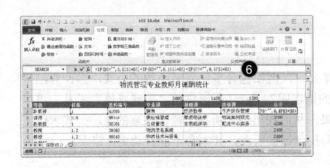

❻ 在编辑栏，将 G5 单元格的公式中的"$F$4"更改为"$F$3"，然后按 Enter 键；

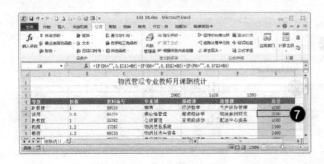

❼ 完成后的效果如左图所示。

单元 4

应用 Excel 分析数据

任务 4-1 为数据进行排序

在工作表"销售资料"中，按"产品名称"的升序对数据进行排序，然后按"订购数量"的降序排序。

➡️素材文档：E04-01.xlsx

➡️结果文档：E04-01-R.xlsx

任务解析

对数据进行排序是数据分析工作中一项最基本的工作。在 Excel 2010 中可以根据多个关键字对数据进行排序，而排序的依据不但可以是数值的大小，还可以是单元格或者字体的颜色。

解题步骤

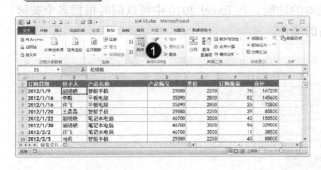

1 单击"数据"选项卡 /"排序"按钮；

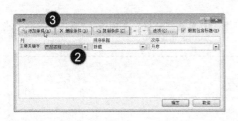

2 在开启"排序"对话框后，单击"主要关键字"列表框右侧下拉按钮，在下拉列表中选择"产品名称"选项；

3 单击"添加条件"按钮；

4 单击"次要关键字"列表框右侧下拉按钮，在下拉列表中选择"订购数量"选项，单击"次序"列表框右侧下拉按钮，在下拉列表中选择"降序"选项；

5 单击"确定"按钮；

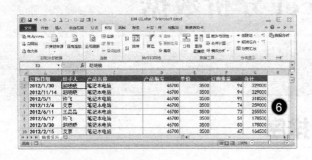

6 完成后的效果如左图所示。

任务 4-2 筛选所需的数据

在工作表"销售资料"中，对表格进行筛选，仅显示单价低于 3000 并且订购数量不少于 30 的记录。

➢ 素材文档：E04-02.xlsx
➢ 结果文档：E04-02-R.xlsx

任务解析

数据筛选是数据分析中另外一项基本的功能。在 Excel 2010 中可以同时根据多个关键字筛选数据可以说数值的大小及单元格的颜色。

解题步骤

1 单击"数据"选项卡 / "筛选"按钮；

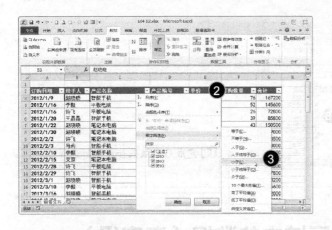

② 可以看到在表格的标题行出现了筛选下拉按钮，单击"单价"下拉按钮；
③ 在菜单中选择"数字筛选"选项，在级联菜单中单击"小于"；

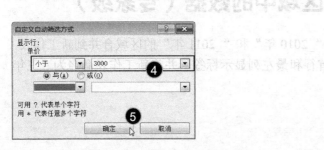

④ 在开启的"自定义自动筛选方式"对话框中，在"单价"列表框中选择"小于"选项，在右侧数值框中输入"3000"；
⑤ 单击"确定"按钮；

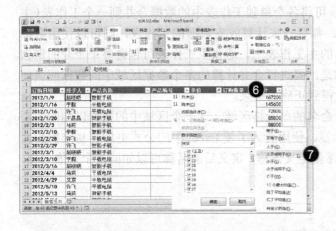

⑥ 单击"订购数量"下拉按钮；
⑦ 在菜单中选择"数字筛选"选项，在级联菜单中单击"大于或等于"；

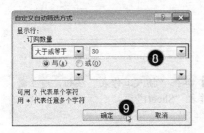

⑧ 在开启的"自定义自动筛选方式"对话框中，在"订购数量"列表框中选择"大于或等于"选项，在右侧数值框中输入"30"；
⑨ 单击"确定"按钮；

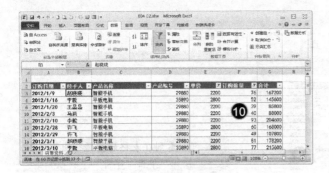

> **10** 完成后的效果如左图所示。

任务 4-3　合并多个区域中的数据（专家级）

将工作簿中名称为"_2009年"、"_2010年"和"_2011年"的区域合并到新工作表，并对其求和，起始单元格为A1，在首行和最左列显示标签，并将新工作表命名为"三年汇总"。

➡ 素材文档：E04-03.xlsx
➡ 结果文档：E04-03-R.xlsx

任务解析

要汇总单独工作表中数据的结果，可将各个单独工作表中的数据合并到一个工作表（主工作表）。例如，每个地区分支机构，都有一张计算收支数据的工作表，则可以使用数据合并功能将这些数据合并到一张汇总的主工作表上。这张主工作表可包含整个企业的销售总额和平均值等指标。需要注意到的是，要进行合并计算的多个数据区域中的数据应当使用相同的行标签和列标签，这样才能得到正确的结果。

本任务中要求进行合并的是三个命名的单元格区域，这三个区域中的数据以相同的顺序排列，并有着相同的行标签和列标签。使用者为了使Excel中的公式更加容易维护和理解，可以为某个单元格区域、函数和常量定义名称，定义后的名称可以如同某个数值一样，参加计算。

解题步骤

> **1** 单击"插入工作表"按钮，建立新工作表"Sheet1"；

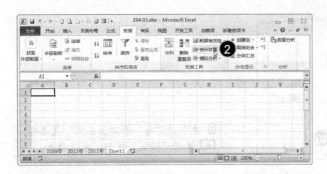

② 单击"数据"选项卡 /"合并计算"
按钮;

③ 在开启的"合并计算"对话框中,
在"引用位置"文本框输入"_2009 年";
④ 单击"添加"按钮;

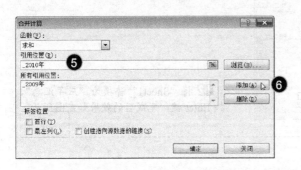

⑤ 继续在"引用位置"文本框输入
"_2010 年";
⑥ 单击"添加"按钮;

⑦ 继续在"引用位置"文本框输入
"_2011 年";
⑧ 单击"添加"按钮;

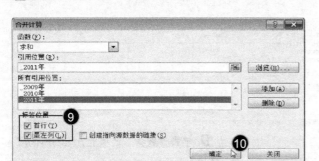

⑨ 选中"首行"和"最左列"复选框；
⑩ 单击"确定"按钮，完成合并；

⑪ 双击"Sheet1"工作表标签，使其处于编辑状态；

⑫ 将"Sheet1"替换为"三年汇总"，按 Enter 键，完成后的效果如左图所示。

相关技能

单击"公式"选项卡/"名称管理器"按钮，开启"名称管理器"对话框，在其中可以看到本任务中合并计算所引用的三个名称，以及每个名称所包含的单元格区域范围。单击对话框中的"新建"按钮，可以建立新的名称，单击"编辑"按钮可以修改已经存在的名称，单击"删除"按钮，可以删除名称。

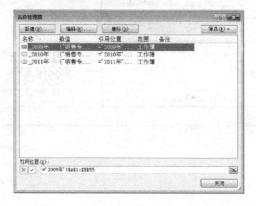

任务 4-4 创建方案模拟分析数据（专家级）

创建并显示名为"发展预测"的方案，通过该方案可以将"去年销售金额（元）"的值更改为"300000"。

⇒素材文档：E04-04.xlsx

⇒结果文档：E04-04-R.xlsx

任务解析

预测未来值是决策制定过程的重要组成部分。有效的方法之一是规划多组值以查看它们对结果的影响。Excel 提供的"方案管理器"工具可以轻松地达成此目的，该工具的基本思想是在工作表中自动替换可变的参数，如银行的利率，查看结果（如利息收入）的变化情况。方案管理器可以帮助使用者分析的典型问题包括：

◆ 单位成本发生变化后如何影响净利润？

◆ 气温的升高会导致冰川的融化程度如何变化？

◆ 如果利率降低，还贷情况如何变化？

使用者可以在工作表中创建不同的方案并加以保存，然后切换方案以查看不同的结果，还可以创建摘要来比较各种不同方案的结果。

解题步骤

1 单击"数据"选项卡 /"模拟分析"下拉按钮；

2 在下拉菜单中选择"方案管理器"选项；

3 在开启的"方案管理器"对话框中，单击"添加"按钮；

4 在开启的"添加方案"对话框的"方案名"文本框中，输入"发展预测"；

5 在"可变单元格"文本框中，输入"B3"；

6 单击"确定"按钮，此时，会开启"方案变量值"对话框；

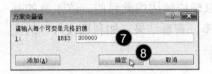

7 在"方案变量值"对话框的"$B$3"文本框中输入"300000"；

8 单击"确定"按钮；

9 回到"方案管理器"对话框后，选中刚刚建立的方案"发展预测"（在只有一个方案的情况下，该方案会默认被选中）；

10 单击"显示"按钮；

11 单击"关闭"按钮；

12 完成后的效果如左图所示。

相关技能

如果在方案管理器中建立了多个方案，可以通过单击"摘要"按钮，创建方案摘要来比较各个方案之间的差别，具体操作方法和完成效果如下图所示，单击"数据"选项卡／"模拟分析"下拉按钮，在下拉菜单中选择"方案管理器"选项，此时会开启"方案管理器"对话框，单击"摘要"按钮，会在新的工作表中建立包含所有方案的方案摘要。

任务 4-5 应用数据透视表分类汇总数据（专家级）

在新工作表中创建数据透视表，该数据透视表的行标签为"产品"，列标签为"发货城市"，最大值项为"订单金额"。

⇒素材文档：E04-05.xlsx

⇒结果文档：E04-05-R.xlsx

任务解析

使用数据透视表可以高效地分类、汇总和分析大量的数据。数据透视表是工作中进行决策分析的有力工具。需要注意的是，创建数据透视表的基础是规范的源数据，源数据应当采取列表格式，即列标签应位于第一行，后续行中的每个单元格都应包含与其列标签相对应的数据，且源数据中不得出现任何空行或空列。建立后的数据透视表，会将原来数据源中的列标签作为新建立的报表的行标签和列标签，并加以分类和汇总。

解题步骤

1 选中工作表"10月订单统计"中的数据区域的任意一个单元格；

2 单击"插入"选项卡/"数据透视表"下拉按钮，在下拉菜单中选择"数据透视表"选项；

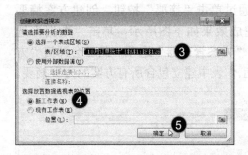

3 在开启的"创建数据透视表"对话框中，确认"表/区域"文本框中所选择的单元格范围为"'10月订单统计'!$A$1:$F$126"；

4 确认数据透视表存放的位置为"新工作表"；

5 单击"确定"按钮；

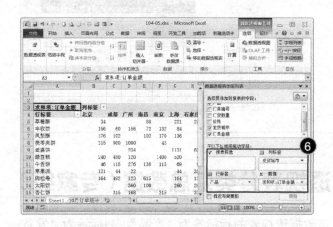

6 在开启的"数据透视表字段列表"任务窗格中，将"选择要添加到报表的字段："复选框列表中的"产品"字段拖曳到下方的"行标签"区域，同样的方法，将"发货城市"字段拖曳到"列标签"区域，再将"订单金额"字段拖曳到"数值"区域；

7 单击"数值"文本框中的"求和项：订单金额"，在向上开启的菜单中，选择"值字段设置"选项；

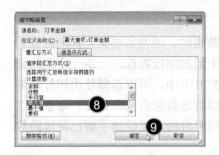

8 在开启的"值字段设置"对话框中，在"值汇总方式"选项卡的"计算类型"列表框中，选择"最大值"选项；

9 单击"确定"按钮；

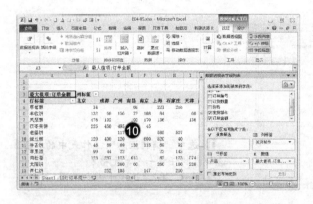

10 完成后的效果如左图所示。

相关技能

数据透视表创建完成后，如下图所示，可以在"数据透视表工具：设计"选项卡中，对其做进一步修饰，例如，更改报表的布局和样式，显示或者取消分类汇总及总计行和列。

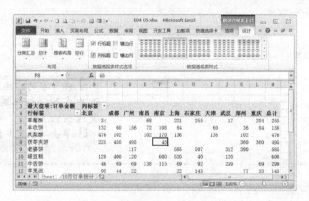

任务 4-6　应用切片器筛选数据（专家级）

在工作表"销售汇总"中，插入切片器，使数据透视表显示"发货城市"和"订单编号"。

>> 素材文档：E04-06.xlsx
>> 结果文档：E04-06-R.xlsx

任务解析

在使用 Excel 2010 提供的数据透视表汇总分析大量数据时，经常需要交互式动态查看不同纬度的分类汇总结果，虽然可以直接在数据透视表中通过字段筛选，一步一步地达到目的，但这种操作方式不够直观，还容易出错。在 Excel 2010 中，可以选择使用切片器来筛选数据，解决上述难题。单击切片器提供的按钮就可以筛选数据透视表数据。除了快速筛选之外，切片器还会指示当前筛选状态，从而便于使用者轻松、准确地了解已筛选的数据透视表中所显示的内容。

解题步骤

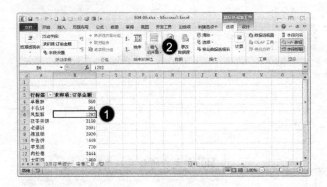

1 选中"销售汇总"工作表中的数据透视表的任意一个单元格；
2 单击"插入"选项卡/"切片器"按钮；

3 在开启的"插入切片器"对话框中，选中字段"订单编号"和"发货城市"复选框；
4 单击"确定"按钮；

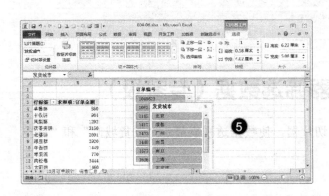

5 完成后的效果如左图所示。

相关技能

　　如果要通过切片器筛选出发货城市为"广州"和"上海"的订单金额,那么可以按住 Ctrl 键,同时选中"发货城市"切片器中的"广州"和"上海"选项,完成的结果如下图所示。

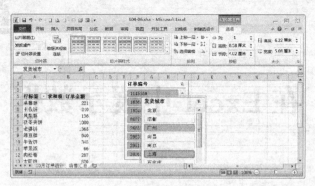

单元 5

在 Excel 中展示数据

任务 5-1 **创建数据透视图（专家级）**

在工作表"电子产品销售统计"中，创建数据透视图，以按照销售人员显示每个季度的 ABC 计算机销售量。将区域作为报表筛选，将销售人员作为轴字段，并将数据透视图放入新工作表中。

➡ 素材文档：E05-01.xlsx
➡ 结果文档：E05-01-R.xlsx

任务解析

为了更好地展示数据，使用者还可以同时创建数据透视表和数据透视图，数据透视图提供数据透视表（这时的数据透视表称为相关联的数据透视表）中的数据的图形表示形式。与数据透视表一样，数据透视图也是交互式的。创建数据透视图时，数据透视图筛选将显示在图表区中，以便使用者排序和筛选数据透视图中的数据。相关联的数据透视表中的任何字段布局的更改和数据的更改将立即在数据透视图中反映出来。

与一般的图表一样，数据透视图也拥有数据系列、类别、数据标记和坐标轴等元素。使用者还可以更改图表类型及其他选项，如标题、图例位置、数据标签和图表位置。

解题步骤

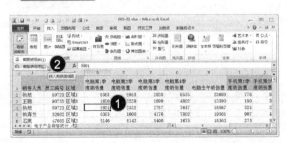

1 选中工作表"电子产品销售统计"中的表格区域的任意一个单元格；

2 单击"插入"选项卡 / "数据透视表"下拉按钮，在下拉菜单中选择"数据透视图"选项；

③ 在开启的"创建数据透视表及数据透视图"对话框中，确认"表/区域"文本框中所选择的单元格范围为"电子产品销售统计 !$A$1:$M$54"；

④ 确认数据透视图存放的位置为"新工作表"；

⑤ 单击"确定"按钮；

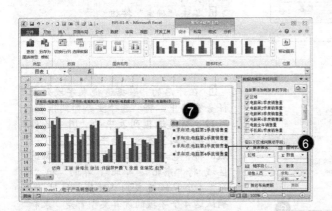

⑥ 在开启的"数据透视表字段列表"任务窗格中，将"选择要添加到报表的字段："复选框列表中的"销售人员"字段拖曳到下方的"轴字段(分类)"区域，将"区域"字段拖曳到"报表筛选"区域，将"计算机第1季度销售量"、"计算机第2季度销售量"、"计算机第3季度销售量"和"计算机第4季度销售量"4个字段拖曳到"数值"区域，并确认这4个字段的计算类型都是"求和"(调整数值字段计算类型的方法请参考本篇的"任务4-5")；

⑦ 完成后的效果如左图所示。

任务5-2 应用数据透视图展示和分析数据(专家级)

在"图书销售统计"工作表中，创建数据透视图，按照"图书名称"显示在仓库3的"东北"、"华北"、"华南"和"华东"类别的销售金额。将"仓库"作为报表筛选，将"图书名称"作为轴字段，并将数据透视图放入新工作表中。

⇒素材文档：E05-02.xlsx
⇒结果文档：E05-02-R.xlsx

任务解析

本任务的完成方法和本篇的"任务5-1"类似，需要注意的是,在建立数据透视图之后，任务所要求显示的并不是全部的销售金额，而是仅需要查看仓库3中的情况，因此需要通过报表筛选，仅选择仓库3的数据。

解题步骤

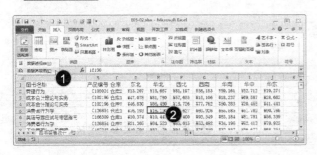

① 选中工作表"图书销售统计"中的表格区域的任意一个单元格；

② 单击"插入"选项卡/"数据透视表"下拉按钮，在下拉菜单中选择"数据透视图"选项；

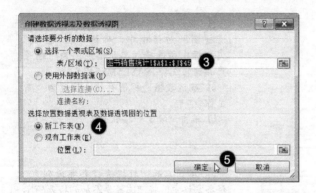

③ 在开启的"创建数据透视表及数据透视图"对话框中，确认"表/区域"文本框中所选择的单元格范围为"图书销售统计!$A$1:$J$45"；

④ 确认数据透视图存放的位置为"新工作表"；

⑤ 单击"确定"按钮；

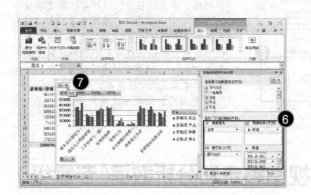

⑥ 在开启的"数据透视表字段列表"任务窗格中，将"选择要添加到报表的字段："复选框列表中的"图书名称"字段拖曳到下方的"轴字段（分类）"区域，将"仓库"字段拖曳到"报表筛选"区域，将"东北"、"华北"、"华南"和"华东"4个字段拖曳到"数值"区域，并确认这4个字段的计算类型都是"求和"（调整数值字段计算类型的方法请参考本篇的"任务4-5"）；

⑦ 单击数据透视图左上角的"报表筛选"下拉按钮；

⑧ 在下拉菜单中，选择"仓库3"选项；

⑨ 单击"确定"按钮；

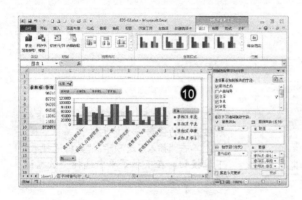

⑩ 完成后的效果如左图所示。

任务 5-3 修改图表的大小

在工作表"全年销售统计"中,调整图表的高度和宽度,使其变为原来的"150%"。

➡️素材文档:E05-03.xlsx

➡️结果文档:E05-03-R.xlsx

任务解析

对于工作表中的图表,可以通过光标直接调整其大小。如果希望精确设置其大小,则需要在"设置图表区格式"对话框中完成,可以直接输入图表的高度和宽度的厘米数值,也可以设置其缩放比例。

解题步骤

☐1 选中工作表"全年销售统计"中的图表;

☐2 单击"图表工具:格式"选项卡 /"设置图表区格式对话框启动器"按钮;

☐3 开启"设置图表区格式"对话框后,在"大小"选项卡中,将"缩放比例"组的"高度"和"宽度"数值框中的值都调整为"150%";

☐4 单击"关闭"按钮;

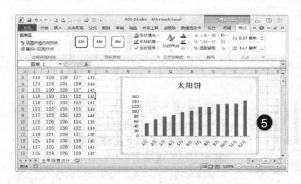

☐5 完成后的效果如左图所示。

任务 5-4 修改图表的样式（专家级）

在工作表"全年销售统计"中，将图表样式更改为"样式28"，并添加"茶色，背景2，深色10%"的形状填充。将图表保存为图表模板，名称为"柱形图新"。

➯ 素材文档：E05-04.xlsx

➯ 结果文档：E05-04-R.xlsx

任务解析

在图表建立后，使用者可以为其选择一种适合的图表样式，图表样式包含对图表边框、底纹、字体及图形效果的整体设置，是快速美化图表的最佳方法。如果图表在应用了Excel 2010 内置的图表样式之后，仍然有细节需要进一步修改，那么还可以针对图表中的每一个元素，单独设置其格式。如果一个图表设置好各方面格式之后，这些格式在今后需要经常用到，那么可以将其保存为模板，以便随时调用。

解题步骤

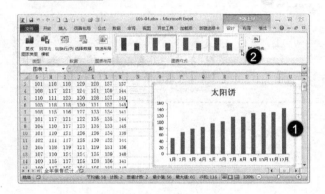

1 选中工作表"全年销售统计"中的图表；

2 单击"图表工具：设计"选项卡/"图表样式"列表框右侧的下拉按钮，打开图表样式库；

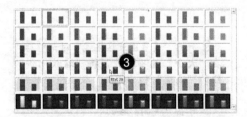

3 在图表样式库中单击"样式28"；

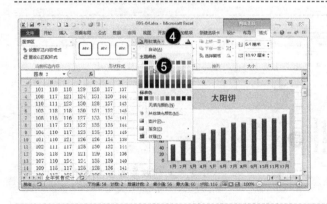

4 单击"图表工具：格式"选项卡/"形状填充"下拉按钮；

5 在下拉菜单中选择"茶色，背景2，深色10%"选项；

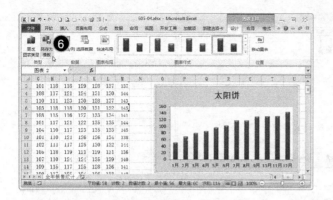

6 单击"图表工具：设计"选项卡
/"另存为模板"按钮；

7 在开启的"保存图表模板"对话框
中，按照默认位置，在"文件名"文本
框输入"柱形图新"；
8 单击"保存"按钮；

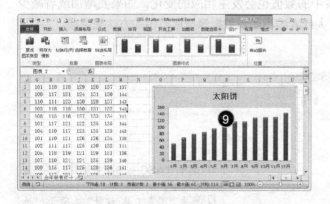

9 完成后的效果如左图所示。

相关技能

　　将图表保存为图表模板后，如果在未来需要调用此模板样式，那么可以单击"插入"
选项卡/"图表组"右下角的"插入图表对话框启动器"按钮，在开启的"插入图表"对
话框中，单击"模板"子选项卡，在其中会看到之前建立的名为"柱形图新"的图表模板，
如下图所示。

任务 5-5　修改图表的数据源（专家级）

在工作表"ABC 计算机销售统计"中，修复表格的数据源，以便使柱形图包含"徐东方"一行的数据。

➢素材文档：E05-05.xlsx

➢结果文档：E05-05-R.xlsx

任务解析

Excel 2010 中的图表一般情况下都是根据工作表中的某一个或多个数据区域建立起来的，这些数据区域称为图表的数据源。要想修改图表中的数据，可以通过修改数据源来实现。如果数据源中的数值被改变了，那么图表中的数值也会发生相应的变化。如果要增加或者减少图表中的类别或者系列，也可以通过扩大或者缩小图表数据源选取范围的方法来完成。

解题步骤

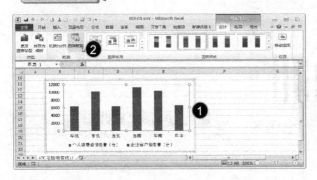

❶ 选中 "ABC 电脑销售统计" 工作表中的图表；

❷ 单击 "图表工具:设计" 选项卡 / "选择数据" 按钮；

❸ 在开启的 "选择数据源" 对话框中，在 "图表数据区域" 文本框内，将原先的图表数据区域 "=ABC 电脑销售统计 !$B$2:$B$8,ABC 电脑销售统计 !$E$2:$F$8" 修改为 "=ABC 电脑销售统计 !$B$2:$B$9,ABC 电脑销售统计 !$E$2:$F$9"；

❹ 单击 "确定" 按钮；

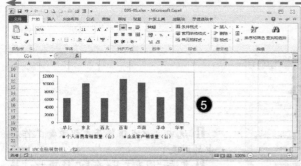

⑤ 完成后的效果如左图所示。

完成本任务的更加简便的一种方法是通过直接拖曳，扩大图表的数据源。在选中图表后，可以看到图表的数据源也被突出显示出来，此时将光标移动到"水平（分类）轴"标签的源数据区域（也就是区域列中突出显示的区域）的右下角，光标会变为"双箭头"的形状，向下拖动突出显示的区域，使其包含"华东"区域，在拖曳的同时，会看到图例项中的数据区域也会一同向下扩展。拖曳完成后，图表已经包含了"徐东方"一行的数据。操作方法请参考下图。

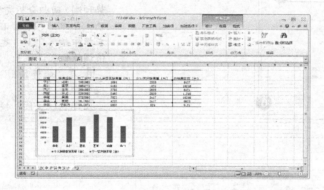

任务 5-6 为图表添加趋势线（专家级）

在工作表"糕点销售历史记录"中，向"丰收饼"图表添加多项式趋势线，该趋势线使用顺序 3，并且预测趋势前推 2 个周期。

⟹素材文档：E05-06.xlsx
⟹结果文档：E05-06-R.xlsx

任务解析

Excel 2010 中的图表不但可以用图形的方式来展示数据，同时还可以用来分析数据和预测未来的走势。趋势线就是这样一种工具，它以图形的方式显示数据的发展趋势，这样的分析又称为回归分析。使用回归分析，可以在图表中延伸趋势线，预测实际数据之外的未来走向。

解题步骤

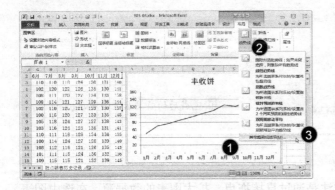

1 选中"糕点销售历史记录"工作表中的图表；

2 单击"图表工具：布局"选项卡/"趋势线"下拉按钮；

3 在下拉菜单中选择"其他趋势线选项"选项；

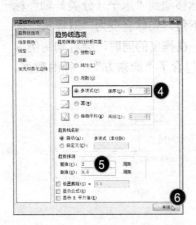

4 在开启的"设置趋势线格式"对话框中，确认"趋势线选项卡"处于被选中状态（该选项卡默认被选中），在"趋势预测/回归分析类型"组中，选中"多项式"单选按钮，在其后的"顺序"文本框中输入"3"（也可以通过右侧的数值调节钮来调整）；

5 在"趋势预测"组的"前推"文本框中输入"2"；

6 单击"关闭"按钮；

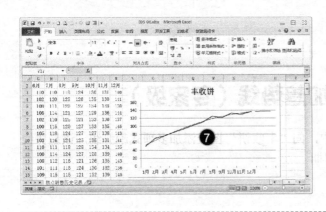

7 完成后的效果如左图所示。

相关技能

　　如果想要更加深入地了解回归分析中各个变量的相关性及精确地对未来的发展情况进行预测，可以在"设置趋势线格式"对话框中选中"显示公式"和"显示 R 平方值"两个复选框，如下图所示。这样会在图表中显示出趋势线的准确公式，将自变量带入，就可以得到未来的预测值。R 平方值表示的是趋势线中两个变量的相关关系，其数值在 0～1 之间，通常说来，如果该数值越接近于 1，说明两个变量之间的相关性越强。

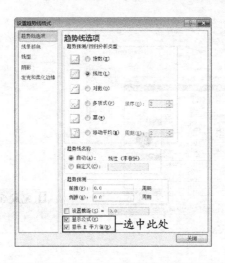

→选中此处

任务 5-7 用数据条显示单元格中数值的大小

在工作表"近三年销售统计"中，对"I8"、"I13"和"I18"单元格中的数据应用"渐变填充紫色数据条"的条件格式。

⇒素材文档：E05-07.xlsx

⇒结果文档：E05-07-R.xlsx

解题步骤

对于表格中的大量数据，往往从数值上很难一下发现其特征。通过为数据应用条件格式，只需快速浏览即可立即识别一系列数值中存在的差异。条件格式主要根据数据的大小或者其他特征，为单元格设置相应的格式，例如，特殊的字体、底纹、添加图标或者数据条等。

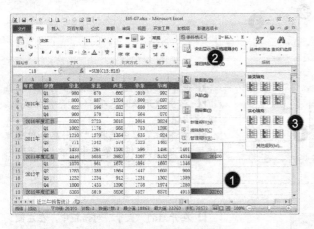

1 同时选中单元格"I8"、"I13"和"I18"；

2 单击"开始"选项卡 / "条件格式"下拉按钮；

3 在下拉菜单中选择"数据条"选项，然后在级联菜单中单击"渐变填充"组的"紫色数据条"；

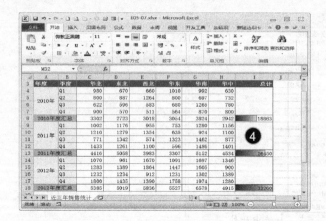

4 完成后的效果如左图所示。

任务 5-8 根据规则突出显示单元格内容

在工作表"糕点销售历史记录"中，对"汇总"列应用条件格式，以便将值大于"1250"的单元格的格式设置为"绿填充色深绿色文本"，将值小于"1250"的单元格的格式设置为"浅红填充色深红色文本"（注意：接受所有其他的默认设置）。

≫素材文档：E05-08.xlsx

≫结果文档：E05-08-R.xlsx

任务解析

在某个单元格区域中，可以同时应用多种条件格式。但需要注意的是，几种条件格式之间，在逻辑上不应当存在矛盾，否则单元格只能按照后一种条件格式的设置来显示。

解题步骤

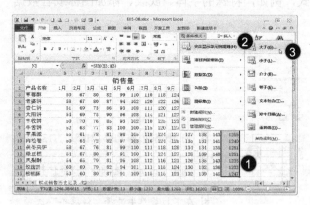

1 选中单元格区域"N3:N15"；

2 单击"开始"选项卡 / "条件格式"下拉按钮；

3 在下拉菜单中选择"突出显示单元格规则"选项，在级联菜单中单击"大于"；

4 在开启的"大于"对话框中，在左侧数值框中输入"1250"，在右侧列表框的下拉列表中单击"绿填充色深绿色文本"；

5 单击"确定"按钮；

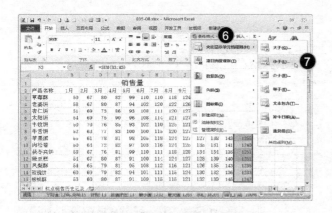

⑥ 保持单元格区域单元格区域 "N3:N15" 为选中状态，单击"开始"选项卡 / "条件格式"下拉按钮；

⑦ 在下拉菜单中选择"突出显示单元格规则"选项，在级联菜单中单击"小于"；

⑧ 在开启的"小于"对话框中，在左侧数值框中输入"1250"，在右侧列表框的下拉列表中单击"浅红填充色深红色文本"；

⑨ 单击"确定"按钮；

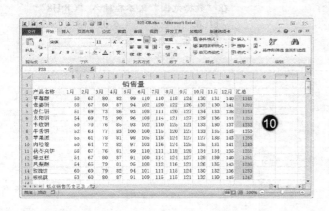

⑩ 完成后的效果如左图所示。

任务 5-9 在单元格中添加迷你图表

在工作表"近三年销售统计"中，使用单元格区域"C8:H8"、"C13:H13"和"C18:H18"中的数据，在单元格"I8"、"I13"和"I18"中，添加迷你柱形图。

⟹ 素材文档：E05-09.xlsx

⟹ 结果文档：E05-09-R.xlsx

任务解析

对于一系列的数据，我们有时并不关注其中每一个数据的精确数值，而是希望了解整体的变化规律或者发展趋势，这时可以通过创建迷你图表来达到这个目标。迷你图表类似于 Excel 中普通的图表，区别在于，迷你图表是镶嵌在单元格内的微型图表，只能反映数据的大致情况。

解题步骤

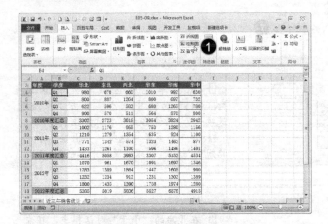

① 单击"插入"选项卡 / "插入迷你柱形图"按钮；

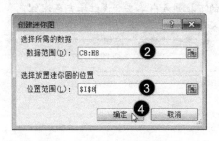

② 在开启的"创建迷你图"对话框中，在"数据范围"文本框输入"C8:H8"；
③ 在"位置范围"文本框中输入"$I$8"；
④ 单击"确定"按钮；

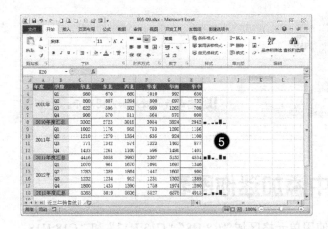

⑤ 使用同样方法，分别在单元格 I13 和 I18 中插入迷你柱形图，完成后的效果如左图所示。

任务 5-10　调整图片的格式和效果

　　在工作表"销售资料"中，删除图像的背景，更正图形以将其锐化 50%，并应用"十字图案蚀刻"的艺术效果。

　⇒素材文档：E05-10.xlsx
　⇒结果文档：E05-10-R.xlsx

任务解析

Excel 并非专业的图形处理软件，但在 Excel 2010 版本中，对于图形的处理能力，也得到了很大的增强。图片被插入到工作表后，不但可以对其设置各种样式，还可以调整其各方面的显示效果，例如锐化和柔化效果、亮度和对比度及一些特殊的艺术效果。

解题步骤

❶ 选中工作表中的图片；
❷ 单击"图片工具：格式"选项卡 /"删除背景"按钮；

❸ 在"背景删除"选项卡中，不做任何修改，直接单击"保留更改"按钮；

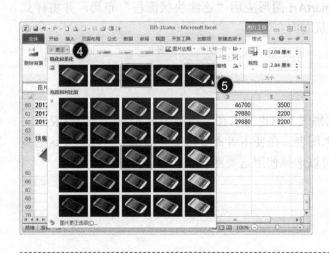

❹ 保持图片为选中状态，单击"图片工具：格式"选项卡 / "更正"下拉按钮；
❺ 在下拉菜单中选择"锐化50%"选项；

6 单击"图片工具：格式"选项卡/"艺术效果"下拉按钮；

7 在下拉菜单中选择"十字图案蚀刻"选项；

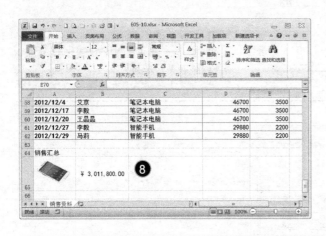

8 完成后的效果如左图所示。

任务 5-11　在工作表中应用 SmartArt 图形

在工作表"销售资料"中，对 SmartArt 图形应用"连续块状流程"布局，并将样式更改为"优雅"，然后将方向更改为"从右向左"。

➡ 素材文档：E05-11.xlsx

➡ 结果文档：E05-11-R.xlsx

任务解析

在 Excel 中应用的图表主要是数据图表。但也可以在工作表中插入另外一类图表——SmartArt 图形。SmartArt 图形属于概念图表。在使用者需要形象化展示一些概念及这些概念之间的关系时，如递进或者包含，可以选择使用这类图表。

解题步骤

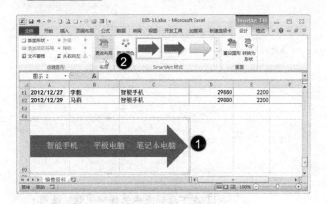

① 选中工作表中的 SmartArt 图形；
② 单击"SmartArt 工具：设计"选项卡 / "更改布局"下拉按钮；

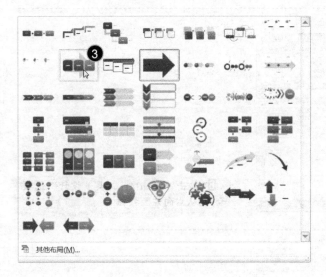

③ 在下拉菜单中选择"连续块状流程"选项；

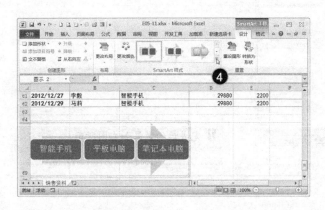

④ 单击"SmartArt 工具：设计"选项卡 / "SmartArt 样式库"列表框右侧下拉按钮；

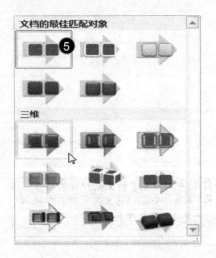

5 在下拉列表中选择"优雅"选项；

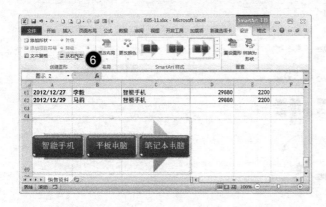

6 单击"SmartArt工具：设计"选项卡 / "从右向左"按钮；

7 完成后的效果如左图所示。

应用宏和控件自动化文档

任务 6-1　录制宏（专家级）

在工作表"全年销售统计"中，创建行高设置为"29"，并对单元格内容应用居中对齐格式的宏。将宏命名为"行格式"，并将其仅保存在当前工作簿中（注意：接受其他的所有默认设置）。

⇒素材文档：E06-01.xlsm

⇒结果文档：E06-01-R.xlsm

任务解析

在使用 Excel 的过程中，经常有某项工作要多次重复，这时可以利用 Excel 的宏功能来使其自动执行，以提高效率。宏将一系列的 Excel 命令和指令组合在一起，形成一个命令，以实现任务执行的自动化。使用者可以创建并执行一个宏，以替代人工进行一系列费时而重复的操作。Excel 提供了两种创建宏的方法：录制宏和使用 VBA 语言编写宏程序。本任务所要求的即为前者。

解题步骤

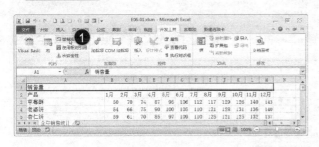

❶ 单击"开发工具"选项卡 / "录制宏"按钮；

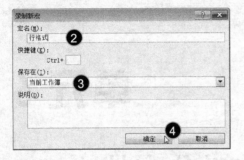

2 在开启"录制新宏"对话框后，在"宏名"文本框输入"行格式"；
3 确认保存位置为默认的"当前工作簿"；
4 单击"确定"按钮，开始录制宏；

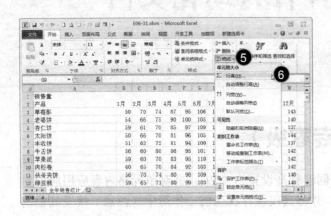

5 单击"开始"选项卡 /"格式"下拉按钮；
6 在下拉菜单中选择"行高"选项；

7 在开启"行高"对话框后，在"行高"文本框输入"29"；
8 单击"确定"按钮；

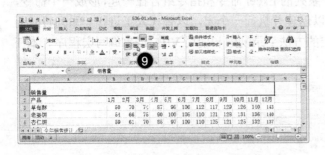

9 单击"开始"选项卡 /"居中"按钮；

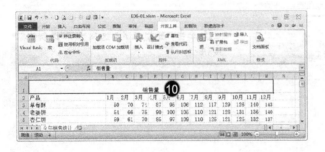

10 单击"开发工具"选项卡 /"停止录制"按钮，结束宏的录制过程。

相关技能

Excel 2010 中有关宏的功能位于"开发工具"选项卡，该选项卡在 Excel 安装完毕后，默认是不显示的。单击"文件"选项卡 /"选项"按钮，可以开启"Excel 选项"对话框，在其中的"自定义功能区"选项卡中，选中"开发工具"复选框，单击"确定"按钮后，"开发工具"选项卡会就显示在 Excel 2010 的功能区了。具体操作方法如下图所示。

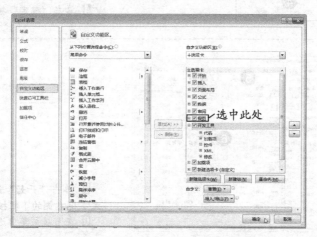

任务 6-2 录制并应用宏（专家级）

在工作表"ABC 计算机销售统计"中，创建对单元格应用数字格式"会计专用"和项目选取规则"值最大的 10 项"的宏。将宏命名为"前 10 名"，并将其保存在当前工作簿中。对"年度总计"列中的数值应用此宏（注意：接受其他的所有默认设置）。

⇒素材文档：E06-02.xlsm
⇒结果文档：E06-02-R.xlsm

任务解析

在 Excel 录制完成一个宏之后，如本任务中的修改单元格数字格式和对单元格应用条件格式的宏，未来如果想要应用这个宏，那么首先选中要应用宏的单元格区域，然后在"宏"对话框中运行宏就可以一次性完成以往需要多步操作才能完成的任务了。

解题步骤

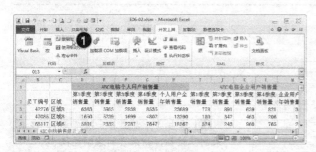

1 单击"开发工具"选项卡 /"录制宏"按钮；

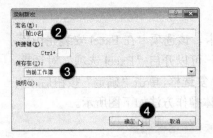

② 在开启"录制新宏"对话框后，在"宏名"文本框输入"前10名"；
③ 确认保存位置为默认的"当前工作簿"；
④ 单击"确定"按钮；

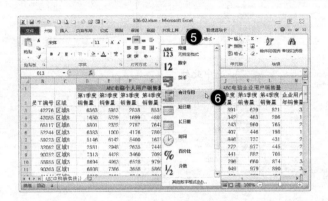

⑤ 单击"开始"选项卡 /"数字格式"文本框右侧的下拉按钮；
⑥ 在下拉菜单中选择"会计专用"选项；

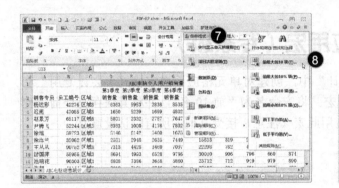

⑦ 单击"开始"选项卡 /"条件格式"下拉按钮；
⑧ 在下拉菜单中选择"项目选取规则"选项，在级联菜单中单击"值最大的10项"；

⑨ 在开启的"10个最大的项"对话框中，依照默认设置不变，直接单击"确定"按钮；

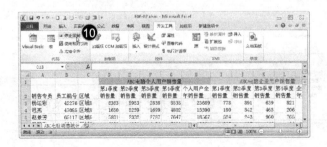

⑩ 单击"开发工具"选项卡 /"停止录制"按钮，结束宏的录制过程；

11 选中"年度总计"列的数据"N3:N56";

12 单击"开发工具"选项卡 /"宏"按钮;

13 在开启的"宏"对话框中,确认"前10名"宏处于选中状态,直接单击"执行"按钮;

14 完成后的效果如左图所示。

相关技能

使用 Excel 2010 录制宏完成后,如果每次应用都通过"宏"对话框来执行,会非常麻烦,更简便的方法是在录制宏的时候,将其指定到某个快捷键,如下图所示,可以在"录制新宏"对话框中,将快捷键指定为 Ctrl+8,这样未来使用时,只需要首先选中要应用宏的单元格区域,然后按这组快捷键,就可以完成任务。宏除了可以指定到快捷键,还可以指定到某个选项卡的新建组中,具体操作方法,请读者参考本书 Word 部分的"任务 8-2"。

任务 6-3 指定宏到按钮创建交互式表格（专家级）

在工作表"全年销售统计"的单元格 N2 中，插入名为"平均销量"的"按钮（窗体控件）"，然后将此按钮指定给宏"平均销量"。

⟩⟩⟩ 素材文档：E06-03.xlsm
⟩⟩⟩ 结果文档：E06-03-R.xlsm

任务解析

在某些情况下，对于一些交互式表格，使用者并非表格的制作者本人。此时，文档中的宏无论是指定到快捷键还是选项卡中的某个按钮，都不便于使用者的应用。在这种情况下，可以在工作表中建立按钮控件，将事先建立的宏指定给这个按钮，并为其添加名称。使用者在未来应用时，只要单击这个按钮，就可以执行文档中的宏，得到所需的结果。

解题步骤

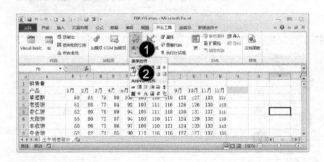

1 单击"开发工具"选项卡／"插入"下拉按钮；
2 在下拉菜单中选择"按钮（窗体控件）"选项，此时光标会变成"十"字形状；

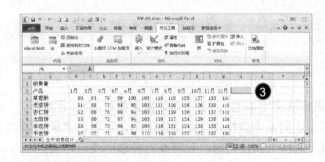

3 在单元格"N2"中拖曳出矩形形状；

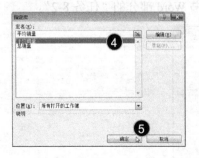

4 放开鼠标左键后，会弹出"指定宏"对话框，在"宏名"文本框中，选择"平均销量"宏；
5 单击"确定"按钮；

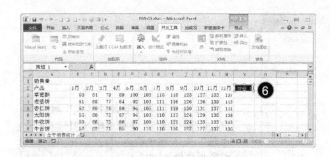

6 此时控件处于被选中状态，单击控件上的文本"按钮1"，进入文本编辑状态，并将文本选中；

7 将文本"按钮1"替换为文本"平均销量"，然后选中任意其他单元格，完成后的效果如左图所示。

任务 6-4 应用控件控制工作表数据（专家级）

在工作表"全年销售统计"中，更改"数值调节钮（窗体控件）"，以便它可以将单元格 O15 中的数值更改为数字 1 ～ 12，步长为 1（注意：接受其他的所有默认设置）。

⇒素材文档：E06-04.xlsm
⇒结果文档：E06-04-R.xlsm

任务解析

为了更好地分析和展示数据，有时需要能够动态显示工作表中的数据，这就需要将函数和控件结合起来使用。可供选择的控件主要有"组合框"、"列表框"、"复选框"、"数值调节钮"、"选项按钮"和"滚动条"等。例如，本任务中要求添加的控件为数值调节钮，通过该控件，可以控制某个单元格中的数值，使其在一定范围内改变，由于其他单元格中的函数又引用了这个被控件控制的按钮，因此通过调节控件，就可以改变函数的值，从而得到交互式的动态效果。

解题步骤

1 在工作表"全年销售统计"中右击单元格 O13 中的控件；
2 在右键菜单中，选择"设置控件格式"选项；

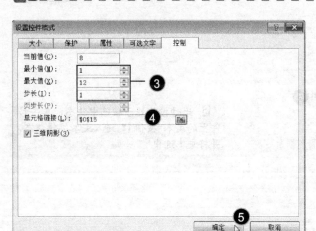

③ 在开启的"设置控件格式"对话框中，在"最小值"文本框中输入"1"，在"最大值"文本框中输入"12"，在"步长"文本框中输入"1"；

④ 在"单元格链接"文本框中输入"$O$15"；

⑤ 单击"确定"按钮，完成对于控件的设置。

单元 7

保护和共享数据

任务 7-1 修改单元格中批注

在工作表"销售资料"中，将单元格"B3"的批注从"南部"修改为"华南"。

➡️素材文档：E07-01.xlsx

➡️结果文档：E07-01-R.xlsx

任务解析

如果要对自己创建的工作表中的某些数据添加说明和注释，或者对他人创建的工作表中的某些数据提出意见和建议，那么可以对这些数据所在的单元格添加批注。在添加批注后，可以看到，在单元格的右上角，会显示批注标记。对于已经添加的批注，还可以对其内容进行修改和编辑。

解题步骤

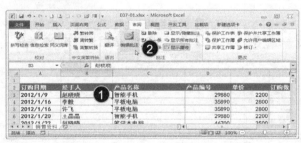

1 选中"B3"单元格；
2 单击"审阅"选项卡/"编辑批注"按钮；

3 在批注框中将原先的批注"南部"修改为"华南"，然后单击任意一个单元格；

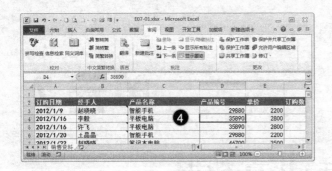

4 完成后的效果如左图所示。

任务 7-2　删除单元格中的批注

在工作表"销售资料"中，删除"B"、"E"和"F"列中的批注。

⇒素材文档：E07-02.xlsx

⇒结果文档：E07-02-R.xlsx

任务解析

对于不需要的批注，可以将其删除。如果需要删除某一个单元格区域中的所有批注，可以先选中该区域，然后再进行删除的操作。

解题步骤

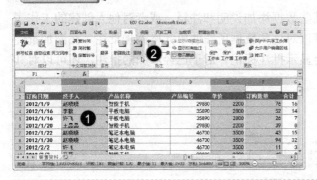

1 同时选中"B"、"E"和"F"列；

2 单击"审阅"选项卡 /"删除"按钮；

3 完成后的效果如左图所示。

任务 7-3　检查文档并删除有关内容

检查文档的个人信息。仅删除批注和文档属性。完成操作后，关闭对话框。

➡️素材文档：E07-03.xlsx

➡️结果文档：E07-03-R.xlsx

任务解析

在 Excel 文档正式交付之前，有时需要删除工作簿中的所有批注，或者为了保护隐私，希望删除文档的属性，因为里面可能包含某些个人信息。那么可以使用检查文档的功能，快速检查工作簿中是否存在此类内容，并将其一次性删除。

解题步骤

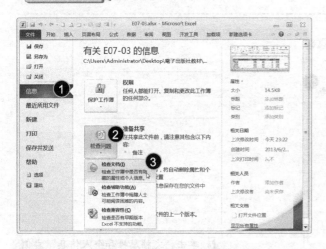

1 单击"文件"选项卡 /"信息"子选项卡；

2 单击"检查问题"下拉按钮；

3 在下拉菜单中选择"检查文档"选项；

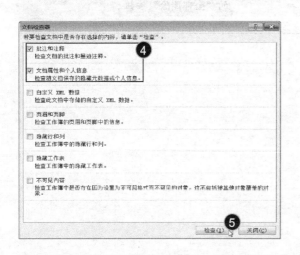

4 在开启的"文档检查器"对话框中，仅选中"批注和注释"复选框及"文档属性和个人信息"复选框；

5 单击"检查"按钮；

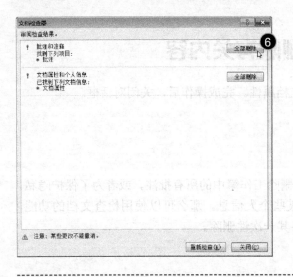

6 单击"批注和注释"右侧的"全部删除"按钮；

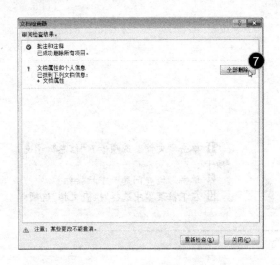

7 单击"文档属性和个人信息"右侧的"全部删除"按钮；

8 单击"关闭"按钮，完成文档的检查。

任务 7-4　加密工作簿（专家级）

使用密码："2012"对工作簿进行加密，并将工作簿标记为最终状态。

⇒素材文档：E07-04.xlsx

⇒结果文档：E07-04-R.xlsx

任务解析

某些情况下，使用者完成的 Excel 文档只希望给指定的用户使用，为了保密起见，可以为工作簿设置密码，以便仅拥有密码的用户才有权限打开工作簿。另外，当一个工作簿中的数据已经建立完成后，还可以将其标记为最终状态，在这种状态下，Excel 工作簿是只读的，也就是说其内容无法进行更改。但需要注意的是，这种最终状态只具有提示的作用，其他用户可以选择解除该状态，从而更改文档内容。

解题步骤

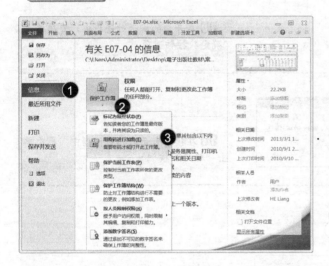

❶ 单击"文件"选项卡 / "信息"子选项卡；

❷ 单击"保护工作簿"下拉按钮；

❸ 在下拉菜单中选择"用密码进行加密"选项；

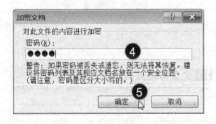

❹ 在开启的"加密文档"对话框的"密码"文本框中输入密码"2012"；

❺ 单击"确定"按钮；

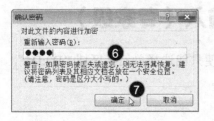

❻ 在开启的"确认密码"对话框的"重新输入密码"文本框中再次输入密码"2012"；

❼ 单击"确定"按钮；

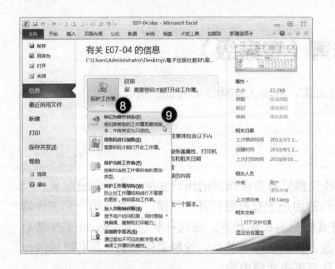

⑧ 单击"保护工作簿"下拉按钮；
⑨ 在下拉菜单中选择"标记为最终状态"；

⑩ 在开启的提示对话框中，直接单击"确定"按钮选项；

⑪ 在接下来开启的对话框中，再次单击"确定"按钮；

单击"仍然编辑"按钮，可以解除最终状态，继续编辑文档。

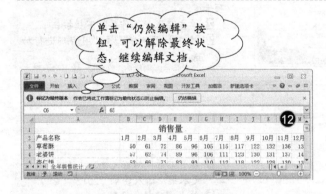

⑫ 完成后的效果如左图所示。

任务 7-5　保护工作表以限制输入（专家级）

在工作表"标准体重测试"中，保护工作表，以便只能选择单元格区域"D2:D4"，而所有其他单元格不可选。保护工作簿，但不使用密码。

⇒素材文档：E07-05.xlsx
⇒结果文档：E07-05-R.xlsx

任务解析

在有些情况下，并不需要限制其他人阅读工作表内容，但是不希望其他用户随意更改工作表的内容。在另外一些情况下，如调查问卷，只希望允许用户填写某些区域（如问题区域），而不希望其他区域的内容遭到更改。为了实现以上的目的，就需要使用 Excel 所提供的保护工作表的功能，通过该功能，可以限制未经授权的用户的权限，使其只能编辑工作表中的部分内容，甚至完全无法编辑任何内容。保护工作表功能只能对工作簿中的某一个工作表中的数据进行保护，如果希望限制其他用户建立和删除工作簿中工作表的权限，那么可以进一步对工作簿加以保护。

解题步骤

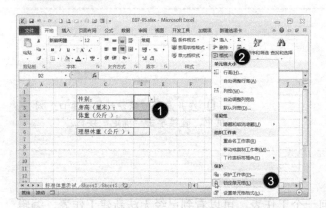

❶ 在工作表"标准体重测试"中，选中单元格区域"D2∶D4"；
❷ 单击"开始"选项卡 /"格式"按钮；
❸ 在下拉菜单中，选择"锁定单元格"选项，该选项之前为锁定状态，通过单击操作，变为非锁定状态（注意∶Excel工作表中的单元格默认的状态是锁定状态，但只有在工作表被保护后，锁定才会生效）；

❹ 单击"审阅"选项卡 /"保护工作表"按钮；

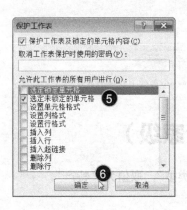

❺ 在开启的"保护工作表"对话框中的"允许此工作表的所有用户进行"复选框列表中，仅选中"选定未锁定的单元格"复选框；
❻ 单击"确定"按钮；

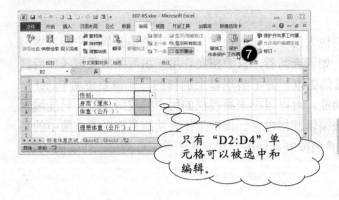

只有"D2:D4"单元格可以被选中和编辑。

7 单击"审阅"选项卡／"保护工作簿"按钮；

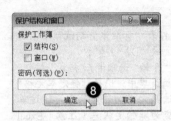

8 在开启的"保护结构和窗口"对话框中，直接单击"确定"按钮。

相关技能

在工作簿被保护后，右击其中任何一个工作表，可以看到已经无法新建工作表、编辑工作表标签或者删除工作表，如下图所示。在有些情况下，可以把不需要显示的工作表设为隐藏，然后保护工作簿，这样没有权限的用户将无法开启这些被隐藏的工作表。

任务 7-6 为工作簿设定属性（专家级）

创建名为"产品分类"的自定义属性，该属性是"文本类型"，取值为"特产"。

➡️素材文档：E07-06.xlsx
➡️结果文档：E07-06-R.xlsx

任务解析

文档属性又称为元数据（元数据：用于说明其他数据的数据。例如，文档中的文字是数据，而字数便是元数据），主要用于描述或标识和文件相关的信息。文档属性中通常包含的内容有文档的主题或内容的简要描述，如标题、作者姓名、主题和关键字等。为 Excel 文档建立了属性之后，不但可以轻松地组织和标识文档，还可以基于文档属性搜索文档。

解题步骤

❶ 单击"文件"选项卡 / "信息"子选项卡；
❷ 单击右侧的"属性"下拉按钮；
❸ 在下拉菜单中选择"高级属性"选项；

❹ 在开启的"E07-06.xlsx 属性"对话框中，单击"自定义"选项卡；
❺ 在"名称"文本框输入"产品分类"；
❻ 在"类型"下拉列表中选择"文本"选项；
❼ 在"取值"文本框输入"特产"；
❽ 单击"添加"按钮，此时会看到刚刚建立的属性已经被添加到了下方的属性列表中；

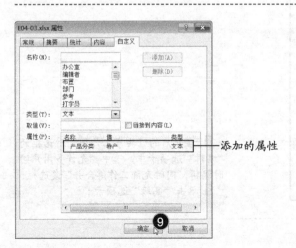

—— 添加的属性

❾ 单击"确定"按钮。

任务 7-7 共享工作簿（专家级）

共享工作簿，并将修订记录保存 10 天。

⟹ 素材文档：E07-07.xlsx

⟹ 结果文档：E07-07-R.xlsx

任务解析

在协同工作的环境下，经常需要把 Excel 工作簿放到某个网络位置上，由多人同时编辑其内容，例如，一个工作簿中包含多个部分，由不同人员负责，这些人员又需要知道彼此工作的进度，那么就可以将工作簿共享，来追踪实时工作的状态和所有的更新。建立共享工作簿的用户，就是共享工作簿的所有者，所有者可以通过控制用户对共享工作簿的访问并解决发生冲突的修订来管理此工作簿。在合并了所有修订后，可以停止工作簿的共享。

解题步骤

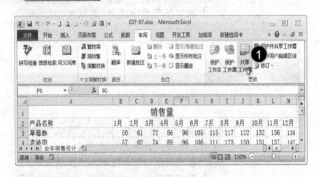

❶ 单击"审阅"选项卡 /"共享工作簿"按钮；

❷ 在开启的"共享工作簿"对话框的"编辑"选项卡中，选中"允许多用户同时编辑，同时允许工作簿合并"复选框；
❸ 单击"高级"选项卡；

④ 在"保存修订记录"文本框中，输入"10"（也可以通过右侧的数值调节钮来调整）；
⑤ 单击"确定"按钮；

⑥ 在开启的提示保存对话框中，直接单击"确定"按钮；

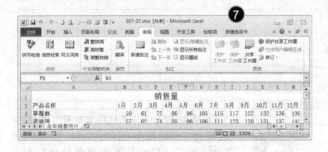

⑦ 完成后的效果如左图所示。

任务 7-8　将工作表中数据导出为 XML 文件（专家级）

使用现有的 XML 映射，对工作簿中的 XML 元素进行映射。然后在"文档"文件夹中，将当前工作表导出为 XML 数据文件，文件名为"销售统计 .xml"（注意：在 Windows XP 环境下，保存到"我的文档"文件夹）。

➡素材文档：E07-08.xlsx

➡结果文档：E07-08-R.xlsx；E07-08-R.xml

任务解析

　　Excel 2010 可以直接导入多种格式的文档数据，如文本文件和数据库文件中的数据等，同时也可以将 Excel 文件保存或者导出为多种文件类型，如文本文件、PDF 文件及网页文件等。这其中一类重要的文档就是 XML 文档。XML（eXtensible Markup Language）可扩展标记语言，提供使用者可以自定义标记来组织和呈现文档，使得数据的交换更方便和更有弹性。Excel 2010 支持将数据导出为 XML 格式的文档。在将 Excel 数据导出为 XML 格式的文档之前，首先需要建立映射元素，并和 Excel 数据表格的标题字段进行映射，然后才可以导出。

解题步骤

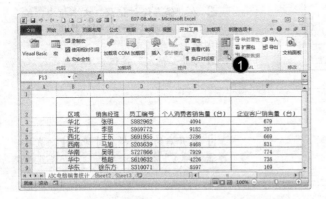

1 单击"开发工具"选项卡 / "源"按钮，在文档右侧会启动 "XML 源"任务窗格；

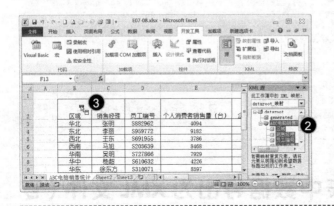

2 单击 "ABC 计算机销售统计"选项，会连同下面的元素一起选中；

3 拖曳 "ABC 计算机销售统计" 到 "B2" 单元格，松开鼠标左键，可以看到，原先的单元格区域变为了 Excel "表格"，并且和 XML 元素建立了映射；

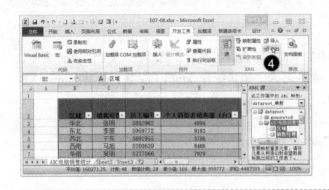

4 单击 "开发工具"选项卡 / "导出"按钮；

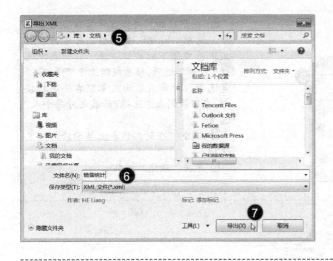

5 在开启的"导出 XML"对话框中，选择保存路径为"文档"文件夹（在 Windows XP 环境下，保存到"我的文档"文件夹）；

6 在"文件名"文本框中输入"销售统计"；

7 单击"导出"按钮。

任务 7-9 显示共享工作簿中的修订（专家级）

显示共享文档的"除我之外每个人"已做的所有修订。在新工作表上显示修订（注意：接受其他的所有默认设置）。

➢素材文档：E07-09.xlsx

➢结果文档：E07-09-R.xlsx

任务解析

在文档被共享到网络位置，并由多位人员协同编辑之后，所有这些对文档的更改，会以修订的方式呈现给文档的所有者。文档所有者可以选择仅显示某一个时间段的对于文档修订，或者某一位或几位编辑者对于文档的修订。这些修订可以显示在原先的数据位置，也可以集中显示在一张新的工作表中。文档所有者还可以选择接受还是拒绝他人对于文档的修订。

解题步骤

1 单击"审阅"选项卡／"修订"下拉按钮；

2 在下拉菜单中，选择"突出显示修订"选项；

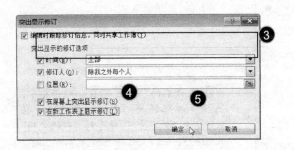

3 在开启的"突出显示修订"对话框中，选中"时间"复选框，并单击后面文本框右侧下拉按钮，在下拉列表中选择"全部"选项，接着继续选中"修订人"复选框，并单击后面文本框右侧下拉按钮，在下拉列表中选择"除我之外每个人"选项；

4 选中"在新工作表上显示修订"复选框；

5 单击"确定"按钮；

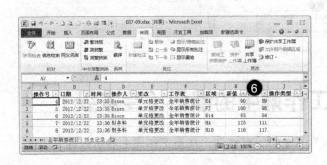

6 完成后的效果如左图所示。

相关技能

对于其他的协同工作人员对工作簿做出的更改，工作簿的所有者可以选择接受或者拒绝，单击"审阅"选项卡/"修订"下拉按钮，在下拉菜单中选择"接受/拒绝修订"选项，会开启"接受或拒绝修订"对话框，如下图所示，单击"确定"按钮，则可以对所有修订逐个选择是否接受，也可以选择全部接受或者拒绝。

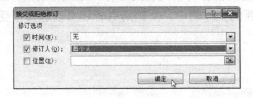

第四篇

PowerPoint 2010应用

建立和修改演示文稿

任务1-1 设置幻灯片的显示比例

在普通视图中，以"65%"的大小比例浏览幻灯片。

⟫素材文档：P01-01.pptx

⟫结果文档：P01-01-R.pptx

任务解析

普通视图是 PowerPoint 2010 文档开启后的默认视图模式，由左侧的幻灯片窗格和右侧的幻灯片编辑窗格及右侧下方的备注页窗格组成。使用者可以通过调整幻灯片编辑窗格中幻灯片的显示比例来缩放幻灯片。

解题步骤

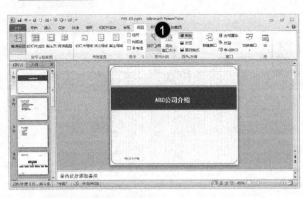

1 单击"视图"选项卡 /"显示比例"按钮；

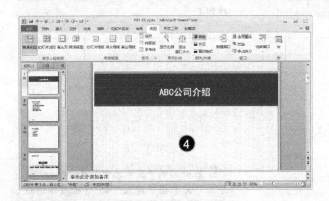

2 在开启的"显示比例"对话框的"百分比"文本框中输入"65"（也可以通过数值调节钮来调整）；

3 单击"确定"按钮；

4 完成后的效果如左图所示。

任务1-2　应用不同视图模式查看演示文稿

在幻灯片浏览视图中，以"45%"的大小比例显示所有幻灯片。

➡ 素材文档：P01-02.pptx

➡ 结果文档：P01-02-R.pptx

任务解析

除了普通视图之外，使用者还可以在 PowerPoint 2010 中以"幻灯片浏览视图"、"备注页视图"和"阅读视图"查看演示文稿。在幻灯片浏览视图中，可以查看演示文稿中的多张甚至全部幻灯片的概览，这在调整幻灯片的顺序时，非常有用。为了在幻灯片浏览视图中能一次查看更多张幻灯片，可以通过缩小显示比例来达到此目的。

解题步骤

也可以通过"显示比例调节钮"控制显示比例。

1 单击"视图"选项卡 / "幻灯片浏览"按钮，切换到幻灯片浏览模式；

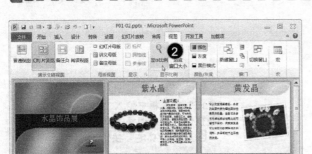

☑ 单击"视图"选项卡 / "显示比例"
按钮；

☑ 在开启的"显示比例"对话框的"百分比"文本框中输入"45"（也可以通过旁边的数值调节钮来调整）；
☑ 单击"确定"按钮；

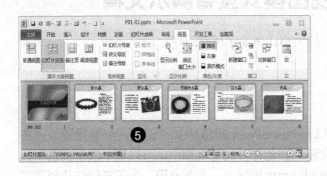

☑ 完成后的效果如左图所示。

任务1-3　设置幻灯片的显示颜色

设置视图选项，用"黑白模式"查看演示文稿。
➢素材文档：P01-03.pptx
➢结果文档：P01-03-R.pptx

任务解析

演示文稿在计算机屏幕上通常都是彩色显示的，但在打印输出的时候，往往并不需要打印色彩，PowerPoint 2010 提供了"灰度"和"黑白模式"来查看演示文稿，从而允许使用者在打印之前可以预先了解到打印效果。

解题步骤

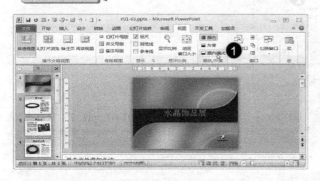

1 单击"视图"选项卡 /"黑白模式"按钮；

2 完成后的效果如左图所示。

任务1-4　同时查看某个演示文稿中的不同部分

在新建窗口中，显示当前演示文稿，并将窗口全部重排。

⇒素材文档：P01-04.pptx

⇒结果文档：P01-04-R.pptx

任务解析

对于包含大量幻灯片的演示文稿，有时需要在计算机屏幕上同时查看和编辑演示文稿中的不同幻灯片，通过"新建窗口"功能，可以在屏幕上显示出一个当前演示文稿的"副本"（注意："副本"仅仅是和原始文档同时显示在了屏幕上，他们仍然是同一个文档），然后可以通过重新排列，使两个窗口并列显示，从而实现查看同一演示文稿不同位置的目的。

解题步骤

1 单击"视图"选项卡 /"新建窗口"按钮；

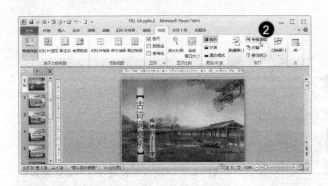

2 在新建的"P01-04.pptx: 2"窗口中，单击"视图"选项卡 / "全部重排"按钮；

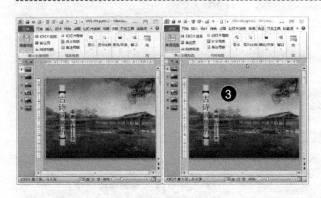

3 完成后的效果如左图所示。

任务1-5 修改幻灯片的尺寸

将演示文稿中幻灯片的大小都设置如下。

◆ 宽：12厘米；
◆ 高：20厘米。

⇒素材文档：P01-05.pptx
⇒结果文档：P01-05-R.pptx

任务解析

新建立的演示文稿中的幻灯片会按照默认的宽度和高度显示，根据演示的需要，使用者也可以自由地调整幻灯片的大小及幻灯片的显示方向。

解题步骤

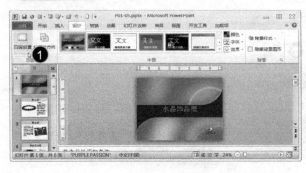

1 单击"设计"选项卡 / "页面设置"按钮；

② 在开启的"页面设置"对话框的"宽度"数值框中输入"12"，在"高度"数值框中输入"20"；

③ 单击"确定"按钮；

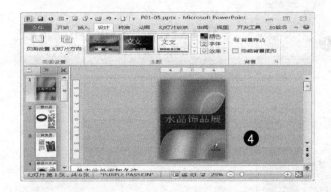

④ 完成后的效果如左图所示。

相关技能

PowerPoint 2010 默认的幻灯片比例是"4：3"，因应当前的宽屏幕的趋势，在"页面设置"对话框中，使用者也可以将幻灯片的比例调整为"16：9"，如下图所示。

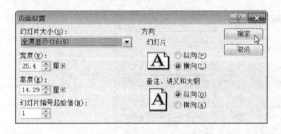

任务1-6 管理演示文稿中的节及删除幻灯片

在"幻灯片浏览视图"中将演示文稿中的 4 张版式为"节标题"的幻灯片删除，并删除第 4 节。然后切换回普通视图。

⇒素材文档：P01-06.pptx

⇒结果文档：P01-06-R.pptx

任务解析

如果某个演示文稿中包多张幻灯片，并且这些幻灯片具有一定的结构，那么可以将演示文稿的每一个内容上相对独立的部分划分为一个小节，对每一个小节可以进行命名，并且可以将其中包含的幻灯片折叠或者展开，从而方便演示文稿的管理。

解题步骤

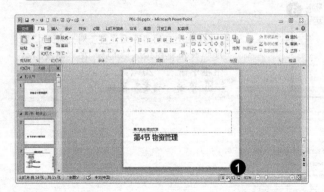

❶ 单击"状态栏"右侧的"幻灯片浏览"按钮，切换到幻灯片浏览视图模式；

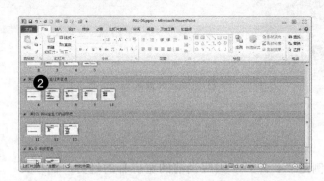

❷ 按住 Ctrl 键不放，同时选中 4 张"节标题"幻灯片；

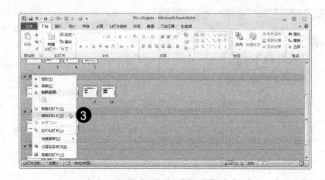

❸ 单击鼠标右键，在右键菜单中，选择"删除幻灯片"选项；

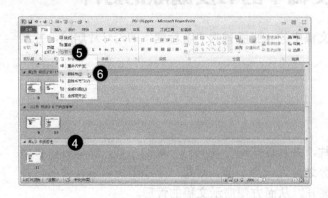

❹ 选中第 4 节；
❺ 单击"开始"选项卡 /"节"下拉按钮；
❻ 在下拉菜单中选择"删除节"选项；

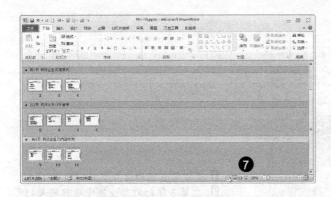

7 单击"状态栏"右侧的"普通视图"按钮，切换回普通视图模式；

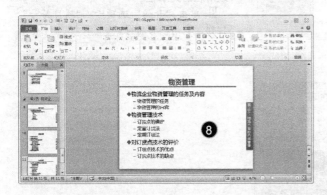

8 完成后的效果如左图所示。

任务1-7 设置文本框中文本的段落格式

在第 3 张幻灯片上，对项目符号列表执行以下操作：

◆ 取消项目符号；

◆ 文本右对齐；

◆ 行距调整为"1.0 倍"行距。

▶素材文档：P01-07.pptx

▶结果文档：P01-07-R.pptx

任务解析

使用者对幻灯片中的文本框的文本格式可以进行一系列的设置，例如，添加或者取消项目符号列表，更改项目符号，调整文本在文本框内的对齐位置。除此之外，还可以对文本框内的文本的行间距和段落间距做出调整。

解题步骤

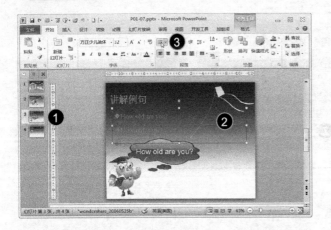

1 选中第3张幻灯片；
2 在第3张幻灯片上选中项目符号列表所在的文本框；
3 单击"开始"选项卡/"项目符号"按钮，取消项目符号；

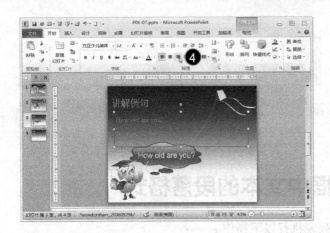

4 单击"开始"选项卡/"文本右对齐"按钮；

5 单击"开始"选项卡/"行距"下拉按钮；
6 在下拉菜单中，选择"1.0"选项；

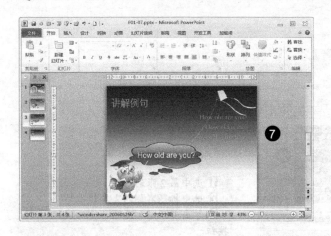

7 完成后的效果如左图所示。

相关技能

单击"开始"选项卡 /"段落"组右下角的"段落对话框启动器"可以开启"段落"对话框，如下图所示，在其中可以对文本框中的文本的缩进和间距做出更多的调整。

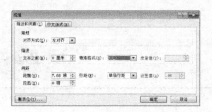

任务1-8　对文本框中的文本进行分栏设置

在第2张幻灯片上，取消标题右侧的文本框中的文字分栏。

➥素材文档：P01-08.pptx

➥结果文档：P01-08-R.pptx

任务解析

如果幻灯片文本框中的项目符号列表条目过多，可以将这些项目符号分栏显示，并且可以设置栏数及栏和栏的间距。

解题步骤

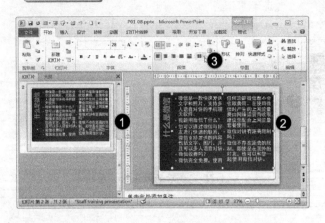

1 选中第 2 张幻灯片；
2 选中标题右侧的文本框；
3 单击"开始"选项卡 /"分栏"下拉按钮；

4 在下拉菜单中，选择"一列"选项；

5 完成后的效果如左图所示。

任务 1-9　设置文本框的文字版式

在幻灯片 2 上，将带项目符号的列表与文本框顶端对齐。

⟹素材文档：P01-09.pptx
⟹结果文档：P01-09-R.pptx

任务解析

除了可以设置文本在文本框中的水平对齐方式，还可以对其垂直对齐方式做出设定。两种方式同时使用，可以从垂直和水平两个维度调整文本在文本框中的位置。

解题步骤

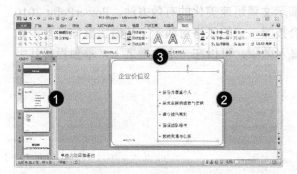

☐ 选中第 2 张幻灯片；
☐ 在第 2 张幻灯片上选中项目符号列表所在的文本框；
☐ 单击"绘图工具：格式"选项卡/"设置形状格式对话框启动器"按钮；

☐ 此时会开启"设置形状格式"对话框，在"文本框"选项卡中，单击"垂直对齐方式"列表框右侧的下拉按钮，在下拉列表中选择"顶端对齐"选项；
☐ 单击"关闭"按钮；

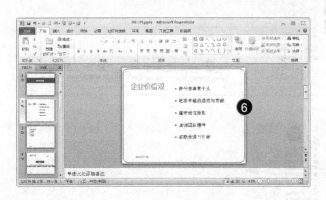

☐ 完成后的效果如左图所示。

任务 1-10　为演示文稿添加主题

　　将演示文稿的主题更改为"聚合"，然后将主题颜色更改为"活力"，主题字体更改为"时装设计"。

⟹素材文档：P01-10.pptx
⟹结果文档：P01-10-R.pptx

任务解析

　　为演示文稿设定主题，是对新建立的演示文稿迅速美化的有效方法。PowerPoint 2010内置了多种主题效果，每一种主题效果都会按照一定的风格对演示文稿做出整体设计，如果使用者希望更加细微的调整演示文稿的显示效果，可以在一个主题之下，单独设置其字体、颜色和效果。

解题步骤

1 单击"设计"选项卡 /"主题"组列表框的"其他"下拉按钮；

2 在主题库中单击"聚合"样式；

3 单击"设计"选项卡 /"颜色"下拉按钮；
4 在下拉菜单中单击"活力"主题颜色；

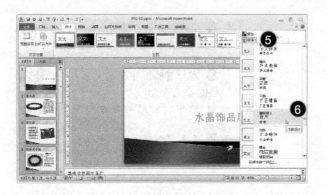

⑤ 单击"设计"选项卡 /"字体"下拉按钮；

⑥ 在下拉菜单中单击"时装设计"主题字体；

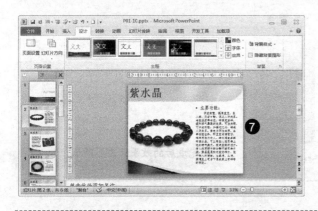

⑦ 完成后的效果如左图所示。

任务 1-11　为演示文稿添加页脚

使用文本"ABC 公司介绍"，为除了标题幻灯片之外的所有幻灯片添加页脚。

⟹素材文档：P01-11.pptx

⟹结果文档：P01-11-R.pptx

任务解析

为了统一幻灯片的风格，以及对读者作出提示，在演示文稿制作完成后，可以为其添加"日期和时间"、"页脚"和"幻灯片编号"，这些元素默认显示在幻灯片底部。

解题步骤

① 单击"插入"选项卡 /"页眉和页脚"按钮；

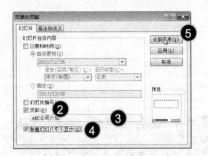

2 此时会开启"页眉和页脚"对话框，在"幻灯片"选项卡中，选中"页脚"复选框；

3 在"页脚"下面的文本框中，输入"ABC 公司介绍"；

4 选中"标题幻灯片中不显示"复选框；

5 单击"全部应用"按钮；

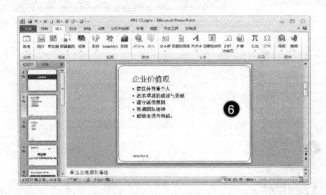

6 完成后的效果如左图所示。

相关技能

幻灯片的编号和页脚默认位置在幻灯片的底部，但其位置是可以灵活进行调整的，具体方法为单击"视图"选项卡/"幻灯片母版"按钮，在进入幻灯片母版视图后，如下图所示，在母版上选中要移动位置的元素，如页脚，将其拖曳到适当的位置，然后关闭母版视图。则未来页脚插入点位置就是之前在母版所设定的页脚的位置。

任务 1-12 设置 PowerPoint 选项

进行如下设置，在输入内容时，PowerPoint 不进行拼写检查。

⟹素材文档：P01-12.pptx

⟹结果文档：P01-12-R.pptx

任务解析

在 PowerPoint 2010 安装完毕，第一次使用的时候，已经设定了默认的用户界面和保存模式等选项，通常来说，使用者不需要对其进行调整，如果出于特殊需要，要调整这些设置，那么需要在 PowerPoint 选项中完成。例如本任务，在 PowerPoint 2010 中，默认设置为对文本进行拼写检查，但如果演示文稿中包含其他特殊文字或者字符，虽然不是错误，但由于 PowerPoint 2010 无法识别，都会被作为错误标记出来。为了幻灯片版面的美观和整齐，可以取消拼写检查。

解题步骤

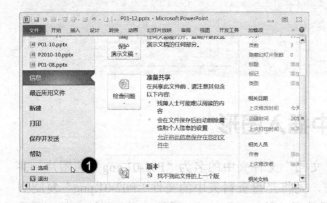

❶ 单击"文件"选项卡／"选项"子选项卡；

❷ 在开启的"PowerPoint 选项"对话框中，单击"校对"子选项卡；
❸ 在"在 PowerPoint 中更正拼写时"组中，取消"键入时检查拼写"复选框的选中；
❹ 单击"确定"按钮。

单元 2

在演示文稿中应用图形

任务 2-1 在幻灯片中插入图形

在第 2 张幻灯片上，插入位于"文档"文件夹中的名为"P02-01.png"的图片，并使其位于文本后面（注意：在练习前，先将光盘资料夹中的文件"P02-01.png"复制到 Windows 7 的"文档"文件夹下，如果使用的是 Windows XP 系统，则复制该文件到"我的文档"文件夹中）。

素材文档：P02-01.pptx；P02-01.png
结果文档：P02-01-R.pptx

任务解析

图形是演示文稿中最重要的组成部分之一，在 PowerPoint 2010 中，可以插入图片、剪贴画及屏幕截图等不同类型的图形元素。在插入图形后，只要其处于被选中状态，在功能区就会显示相应的"图片工具：格式"选项卡，在其中可以设置图形的样式、大小、位置及叠放层次等。叠放层次，指的是幻灯片中的多个元素重叠在一起时，相互之间的遮挡关系。

解题步骤

❶ 选中第 2 张幻灯片；
❷ 单击"插入"选项卡 /"图片"按钮；

③ 在开启的"插入图片"对话框中，
打开"文档"文件夹；
④ 选中文档"P02-01.png"；
⑤ 单击"插入"按钮，图片会插入到
第2张幻灯片，并处于被选中状态；

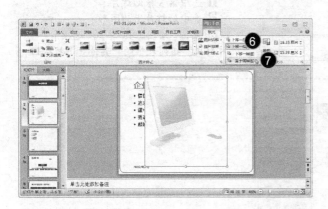

⑥ 单击"图片工具：格式"选项卡
/"下移一层"按钮右侧的下拉按钮；
⑦ 在下拉菜单中选择"置于底层"选项；

⑧ 完成后的效果如左图所示。

任务 2-2 设置图形的样式

在第3张幻灯片上，对图片应用"圆形对角，白色"的图片样式。
➯素材文档：P02-02.pptx
➯结果文档：P02-02-R.pptx

任务解析

对于插入幻灯片中的图片，可以通过为其设置样式，从整体上对其外观做出美化。PowerPoint 2010 内置了丰富的图片样式，如果还需要对图片做更细微的设置，也可以单独调整图片的边框和效果，如设置图片的阴影和映像等。

解题步骤

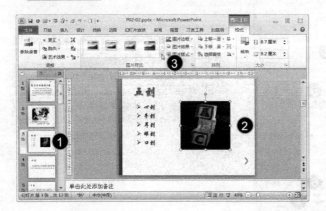

1 选中第 3 张幻灯片；
2 选中幻灯片上的图形；
3 单击"绘图工具:格式"选项卡/"图片样式"组列表框的"其他"下拉按钮；

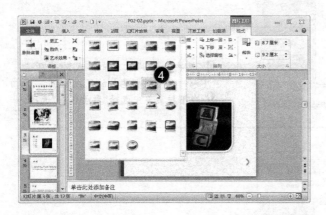

4 在图片样式库中单击"圆形对角，白色"样式；

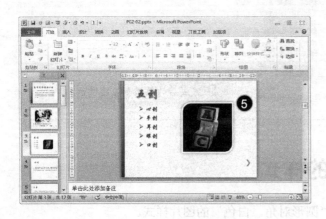

5 完成后的效果如左图所示。

任务 2-3　为文本框设置形状样式

在幻灯片 6 上，对标题右侧的文本框应用"强烈效果—紫色，强调颜色 3"的形状样式。

⇒素材文档：P02-03.pptx

⇒结果文档：P02-03-R.pptx

任务解析

对于插入幻灯片中的形状，如文本框，与设置图片样式类似，也可以通过为其设置形状样式，从整体上对其外观做出美化。PowerPoint 2010 内置了多种形状样式供使用者选择，如果还需要对形状做更细微的设置，也可以单独调整形状的边框、填充颜色、纹理及其他各种效果，如阴影和映像等。

解题步骤

1. 选中第 6 张幻灯片；
2. 选中幻灯片上的图形；
3. 单击"绘图工具：格式"选项卡 /"形状样式"组列表框的"其他"下拉按钮；

4. 在形状样式库中单击"强烈效果— 紫色，强调颜色 3"样式；

5. 完成后的效果如左图所示。

任务 2-4 修改图片的显示效果

在第 2 张幻灯片上，重新设置图片，并将其锐化调整为"80%"。

> 素材文档：P02-04.pptx
> 结果文档：P02-04-R.pptx

任务解析

PowerPoint 2010 虽然不是专业的图形处理软件，但也提供了相当强大的图片处理的能力，在其中可以调整图片的亮度和对比度，可以对图片进行锐化和柔化，还可以调整图片的色调和饱和度等，甚至可以为图片添加多种艺术效果。如果之前已经对一张图片进行了以上种种设置，那么可以通过重设这张图片，使其恢复初始状态。

解题步骤

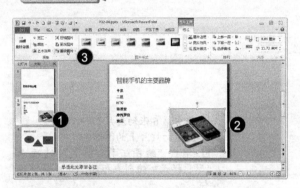

❶ 选中第 2 张幻灯片；
❷ 选中幻灯片上的图形；
❸ 单击"绘图工具：格式"选项卡 / "重设图片"按钮，放弃之前对图片格式所做的修改；

❹ 单击"绘图工具:格式"选项卡 / "更正"下拉按钮；
❺ 在下拉菜单中，选择底部的"图片更正选项"选项；

❻ 在开启的"设置图片格式"对话框中，确认处于选中状态的为"图片更正"子选项卡；
❼ 在"锐化和柔化"调节钮右侧的文本框中，输入"80%"；
❽ 单击"关闭"按钮；

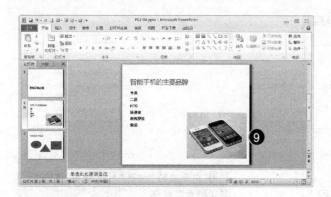

⑨ 完成后的效果如左图所示。

任务 2-5 创建相册

创建一个相册，以显示"风光"文件夹中的所有图片，将图片版式设置为"2张图片（带标题）"，并将标题置于图片下方（注意：接受所有其他的默认设置）。

⟹素材文档：P02-05.pptx；"风光"文件夹
⟹结果文档：P02-05-R.pptx

任务解析

如果要在演示文稿中插入大量图片，那么相册工具可以帮助使用者快速完成这项任务。例如，在某次出游之后，可以通过 PowerPoint 将所拍摄的照片制作为一个相册。使用 PowerPoint 2010 的相册功能，不但可以一次性在演示文稿中汇入多张图片，还可以同时将这些图片按照一定的规则进行编排。

解题步骤

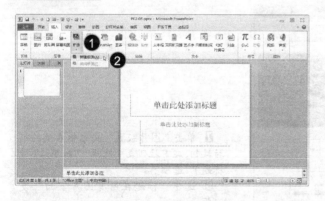

1 单击"插入"选项卡/"相册"下拉按钮；
2 在下拉菜单中，选择"新建相册"选项；

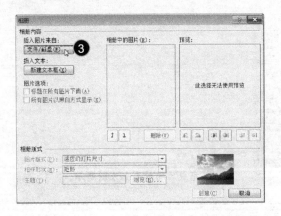

3 在开启的"相册"对话框中，单击"文件 / 磁盘"按钮；

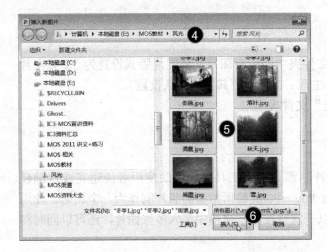

4 在弹出的"插入新图片"对话框中，打开"风光"文件夹；
5 选中文件夹中的所有图片；
6 单击"插入"按钮；

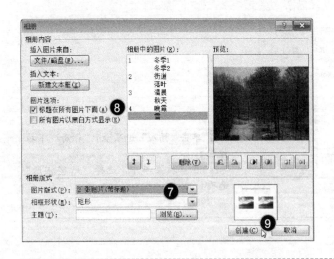

7 单击"图片版式"文本框右侧的下拉按钮，在下拉列表中选择"2 张图片（带标题）"选项；
8 选中"标题在所有图片下面"复选框；
9 单击"创建"按钮；

⑩ 完成后的效果如左图所示。

任务 2-6　修改相册

根据以下标准，编辑相册：

◆ 全色显示所有图片；

◆ 将相册中的第 1 张图片显示在第 14 张图片下方；

◆ 每张幻灯片显示两张图片；

◆ 对图片应用"柔化边缘矩形"相框。

➡️ 素材文档：P02-06.pptx

➡️ 结果文档：P02-06-R.pptx

任务解析

对于已经建立的相册，还可以从多方面对其进行编辑，例如，可以将相册中图片的颜色设置为彩色或者黑白，还可以调整相册中图片的顺序，甚至还可以为图片设置带有艺术色彩的各种相框。

解题步骤

① 单击"插入"选项卡 /"相册"下拉按钮；

② 在下拉菜单中，选择"编辑相册"选项；

3 在开启的"编辑相册"对话框中，选中"相册中的图片"列表里的第1张图片"小熊14"；

4 反复单击"相册中的图片"列表下方的"向下箭头"按钮，直到名为"小熊14"的图片移动到第14张图片"小熊13"的下方；

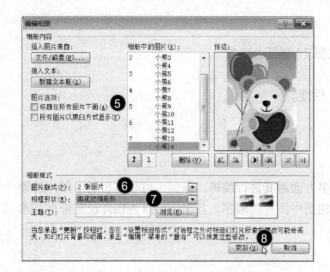

5 取消选中"所有图片以黑白方式显示"复选框；

6 单击"图片版式"文本框右侧下拉按钮，在下拉列表中选择"2张图片"选项；

7 单击"相框形状"文本框右侧下拉按钮，在下拉列表中选择"柔化边缘矩形"选项；

8 单击"更新"按钮；

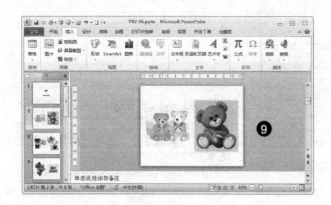

9 完成后的效果如左图所示。

在演示文稿中使用表格和图表

任务 3-1 建立表格

在第 5 张幻灯片中，插入一个 5 列 8 行的表格，第 1 到 5 列的标题字段分别如下。

- 地区；
- 2008 年；
- 2009 年；
- 2010 年；
- 2011 年。

素材文档：P03-01.pptx
结果文档：P03-01-R.pptx

任务解析

在演示文稿中，涉及数据的展示，表格是常用的手段之一。要在幻灯片中插入表格，一种方法是通过单击"插入"选项卡 / "表格"下拉按钮来完成，更简便的方法是直接单击占位符中的"插入表格"按钮。除了直接插入之外，PowerPoint 2010 还允许使用者直接将 Word 或者 Excel 文档中的表格粘贴到演示文稿当中。

解题步骤

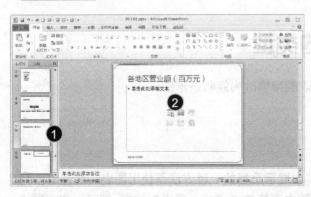

❶ 选中第 5 张幻灯片；
❷ 单击标题下的占位符中的"插入表格"按钮；

3 在开启的"插入表格"对话框中，在"列数"文本框里输入"5"，在"行数"文本框里输入"8"；
4 单击"确定"按钮，建立表格；

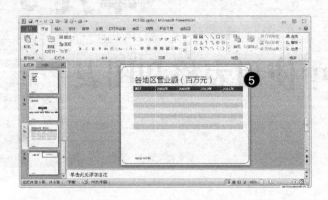

5 在插入的表格的第 1 ～ 5 列的标题行分别输入文本"地区"、"2008 年"、"2009 年"、"2010 年"和"2011 年"，完成后的效果如左图所示。

相关技能

在插入表格后，只要表格处于被选中的状态，如下图所示，在功能区就会显示"表格工具：设计"选项卡和"表格工具：布局"选项卡。通过"设计"选项卡可以为表格添加样式乃至对表格的每一条边框线进行设计。通过"布局"选项卡，可以调整表格的大小、行的高度和列的宽度，以及添加或者删除行和列。

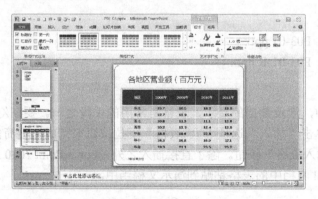

任务 3-2 更改图表的类型

将演示文稿中第 5 张幻灯片中的图表类型修改为簇状条形图。

　素材文档：P03-02.pptx

　结果文档：P03-02-R.pptx

任务解析

除了表格之外，更形象地在演示文稿中展示数据的一种方法是使用图表。通过单击"插入"选项卡 / "图表"按钮，或者在占位符中直接单击"插入图表"按钮，都可以建立图表。

插入的图表只要处于被选中状态，在功能区就会显示三个相应的"图表工具"选项卡，在其中可以对图表进行各方面的设置。如果发现插入的图表类型不能很好地展示数据，还可以轻松地将图表从一种类型转换为其他类型。

解题步骤

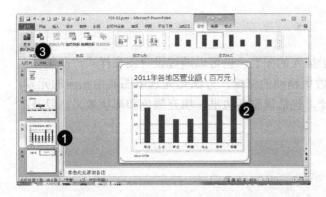

1 选中第 5 张幻灯片；
2 选中幻灯片上的图表；
3 单击"图表工具：设计"选项卡 / "更改图表类型"按钮；

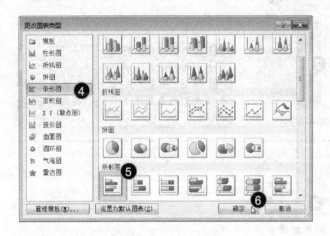

4 在开启的"更改图表类型"对话框中，单击"条形图"选项卡；
5 在"条形图"组中，单击"簇状条形图"按钮；
6 单击"确定"按钮；

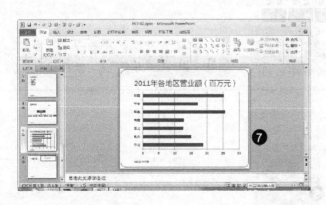

7 完成后的效果如左图所示。

任务 3-3 设置图表的样式

对第 5 张幻灯片上的图表应用"图表样式 22"。

➡️素材文档：P03-03.pptx
➡️结果文档：P03-03-R.pptx

任务解析

与设置图片和形状样式类似，对于插入的图表，也可以通过设置图表样式，从整体上迅速对其进行美化。如果需要对图表做更精细的修饰，方法是先选中图表中相应的元素，然后就可以对这个元素做进一步的设计，包括调整其边框、填充颜色和形状效果，以及添加阴影和映像等。

解题步骤

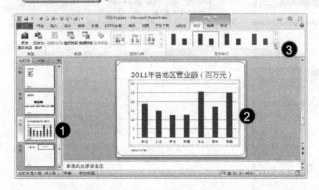

❶ 选中第 5 张幻灯片；
❷ 选中幻灯片上的图表；
❸ 单击"图表工具：设计"选项卡/"图表样式"列表框右下角的"其他"下拉按钮；

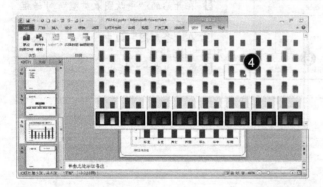

❹ 在图标样式库中单击"样式 22"；

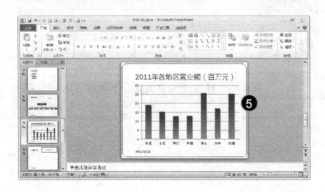

❺ 完成后的效果如左图所示。

236

任务 3-4　设置图表中元素的格式

在第 5 张幻灯片上，对"绘图区"应用"画布"纹理。
➢素材文档：P03-04.pptx
➢结果文档：P03-04-R.pptx

任务解析

表格样式只能从整体上美化表格。表格中包含多个元素，如绘图区、坐标轴、标题和图例等，还可以针对任意的单一元素修改其格式。单击"表格工具：布局"选项卡 / "当前所选内容"文本框右侧的下拉按钮，在下拉菜单中所显示的就是当前图表中包含的所有元素，要对某一个元素设置格式，首先要选中该元素。除了通过此处的文本框下拉菜单选择，还可以直接用鼠标在图表区内通过单击来选中相应元素。选中某一元素后，就可以进一步设置其边框、填充颜色和各种效果，如阴影和映像等。

解题步骤

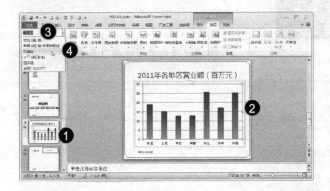

1 选中第 5 张幻灯片；
2 选中幻灯片上的图表；
3 单击"图表工具：布局"选项卡 / "当前所选内容"文本框右侧的下拉按钮；
4 在下拉列表中选择"绘图区"选项，选中图表中的绘图区，此时图表的绘图区处于被选中的状态；

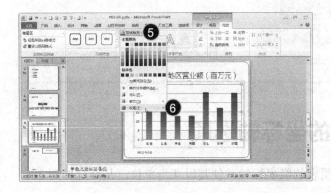

5 单击"图表工具：格式"选项卡 / "形状填充"下拉按钮；
6 在下拉菜单中选择"纹理"选项；

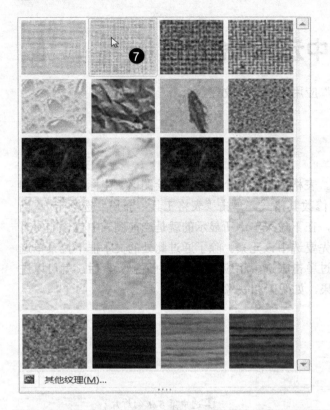

⑦ 在扩展菜单中选择"画布"选项；

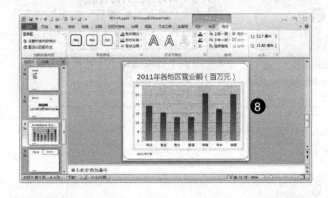

⑧ 完成后的效果如左图所示。

任务 3-5　修改图表的坐标轴选项

修改演示文稿中第 5 张幻灯片中图表的纵坐标轴，使其以 7 为单位，从 0 延伸到 28。

⇒素材文档：P03-05.pptx

⇒结果文档：P03-05-R.pptx

任务解析

在建立图表后，图表的数值轴的刻度会根据图表中数据的数值范围自动调整。但这种默认的设置，可能并不能够满足我们在展示数据时所要求的效果。这时，就需要手工设置坐标轴的刻度单位和刻度范围。一般来说，通过调整刻度的最大值、最小值和刻度单位可以精确地完成对坐标轴的设置。

解题步骤

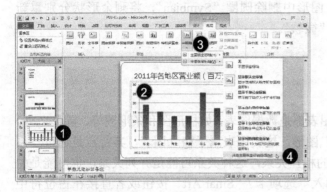

1 选中第 5 张幻灯片；
2 选中幻灯片上的图表；
3 单击"图表工具:布局"选项卡／"坐标轴"下拉按钮；
4 在下拉菜单中选择"主要纵坐标轴"选项，在级联菜单中单击"其他主要纵坐标轴选项"；

5 在开启的"设置坐标轴格式"对话框中，确认"坐标轴选项"子选项卡被选中；
6 "最小值"、"最大值"和"主要刻度单位"三个选项都选中"固定"单选按钮，并在相应的每个项目的右侧文本框中依次输入"0"、"28"和"7"；
7 单击"关闭"按钮；

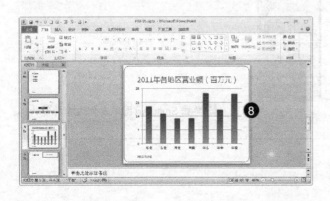

8 完成后的效果如左图所示。

任务 3-6 修改 SmartArt 图形中的文本

在第 2 张幻灯片上，从 SmartArt 图形中删除圆圈"Symbian"，将剩余形状分别重新标示为"苹果"、"谷歌"、"黑莓"和"微软"。

➡ 素材文档：P03-06.pptx
➡ 结果文档：P03-06-R.pptx

任务解析

在演示文稿中，我们一般所指的图表都是数据图表，如柱形图和条形图等。除此之外，还有另外一类图表，称为"SmartArt"图形，这类图表属于概念图表，其特点是通过一系列分层次的形状来表达各种概念之间的相互关系，这种关系可能是并列关系，也可能是先后关系及隶属关系等。通过单击"插入"选项卡 /"SmartArt"按钮或者直接在占位符中单击"插入 SmartArt 图形"按钮，可以插入这类图形。根据所要表达的概念的情况，可以在 SmartArt 图形中添加和修改文本，还可以添加或者修改图形中的形状本身。

解题步骤

1 选中第 2 张幻灯片；
2 选中幻灯片上的 SmartArt 图形；
3 选中 SmartArt 图形中的形状"Symbian"，按 Delete 键，将其删除；

4 单击 SmartArt 图形左侧边缘的箭头；

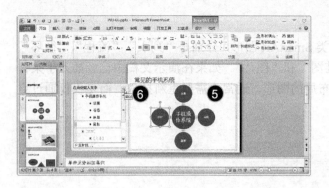

⑤ 在展开的文本输入窗格中，将"Apple"、"Google"、"BlackBerry"和"Microsoft" 4个形状中的文字依次更改为"苹果"、"谷歌"、"黑莓"和"微软"；

⑥ 单击文字输入窗格右上角的"关闭"按钮；

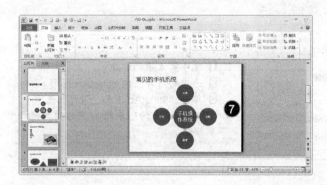

7 完成后的效果如左图所示。

相关技能

除了可以直接插入 SmartArt 图形之外，如下图所示，也可以通过选中某个项目列表中的文本，单击鼠标右键，在右键菜单中选择"转换为 Smart Art"选项，然后进一步选择适合的 SmartArt 图形，将文本框中的文字直接转换为图形。这是一种效率更高的方法。

任务 3-7 修改 SmartArt 图形的布局

将第 4 张幻灯片中的 SmartArt 图形的布局修改为"表层次结构"。

⇒素材文档：P03-07.pptx

⇒结果文档：P03-07-R.pptx

任务解析

PowerPoint 2010 一共提供了 8 大类 SmartArt 图形，分别是"列表"、"流程"、"循环"、"层次结构"、"关系"、"矩阵"、"棱锥图"和"图片"。如果在演示文稿中已经插入了某种 SmartArt 图形，要想将其改变为其他布局的图形，通常不需要重新插入，而是仅仅通过更改布局，就可以得到新的图形。

解题步骤

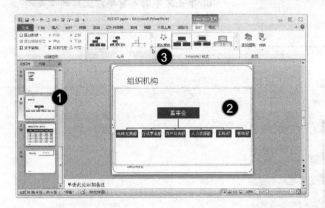

1 选中第 4 张幻灯片；
2 选中幻灯片上的 SmartArt 图形；
3 单击"SmartArt 工具：设计"选项卡 /"布局"组中的列表框右侧的"其他"下拉按钮；

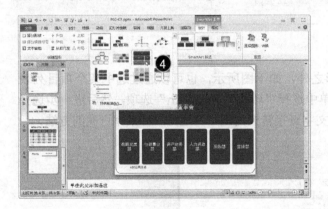

4 在展开的布局列表框中，选择"表层次结构"选项；

5 完成后的效果如左图所示。

单元 4

在演示文稿中应用动画和其他多媒体元素

任务 4-1　为幻灯片中的文本添加进入动画

在第 1 张幻灯片上，对文本"ABC 公司介绍"应用"缩放"动画。

➡素材文档：P04-01.pptx

➡结果文档：P04-01-R.pptx

任务解析

在播放演示文稿的时候，为了将观众的注意力集中在所要强调的要点上，更好地控制播放的节奏及提高观众对演示文稿的兴趣，使用动画是一种有效的方法。使用者可以将 PowerPoint 2010 演示文稿中的文本、图片、形状、表格、SmartArt 图形和其他对象制作成动画，动画就是给文本或对象添加的特殊视觉或声音效果。例如，可以使项目符号中的文本逐字从左侧飞入，赋予它们进入、退出、大小或颜色变化甚至移动等视觉效果。PowerPoint 2010 中有以下四种不同类型的动画效果。

◆ "进入"效果：例如，可以使对象逐渐淡入焦点、从边缘飞入幻灯片或者跳入视图中。

◆ "退出"效果：这些效果包括使对象飞出幻灯片、从视图中消失或者从幻灯片旋出。

◆ "强调"效果：这些效果可以使对象缩小或放大、更改颜色或沿着其中心旋转。

◆ "动作路径"效果：使用这些效果可以使对象上下或左右移动，以及沿着某种图案移动。

解题步骤

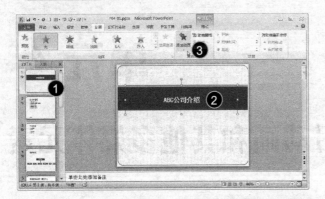

1 选中第1张幻灯片；
2 选中幻灯片上的标题文本框；
3 单击"动画"选项卡 / "添加动画"下拉按钮；

4 在下拉菜单中，选择"缩放"选项；

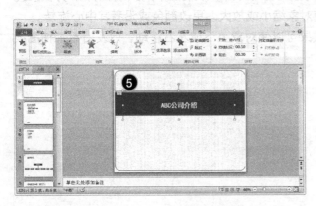

5 完成后的效果如左图所示。

相关技能

如果一张幻灯片上有多个动画，那么这些动画播放的先后顺序及播放的时机对于幻灯片的演示效果是非常重要的。要调整动画的播放先后顺序，可以通过单击"动画"选项卡/"动画窗格"按钮，开启动画窗格，在其中进行调整。动画的播放时机一共有三种，分别是在单击时播放动画、与上一个动画同时播放本动画和在上一个动画播放完毕后再播放本动画。单击"动画"选项卡/"开始"文本框右侧的下拉按钮，在下拉菜单中，如下图所示，可以选择在什么情况下开始播放一个动画。

> 单击时
> 与上一动画同时
> 上一动画之后

任务 4-2　为幻灯片中的图形添加动作路径动画

在第 2 张幻灯片上，对左侧计算机中的"邮件"图形应用动作路径"转弯"，并将动作路径方向更改为"右下"。

⇒素材文档：P04-02.pptx

⇒结果文档：P04-02-R.pptx

任务解析

动作路径动画是幻灯片页面内元素动画的一种，使用这种动画可以让指定的对象或文本沿着一条规定好的路径运动。这条路径可以是向某个方向直线或者曲线运动，也可以是按照一定的形状运动，如梯形或者三角形。甚至，使用者还可以通过鼠标，在幻灯片上为元素设定自定义动作路径。

解题步骤

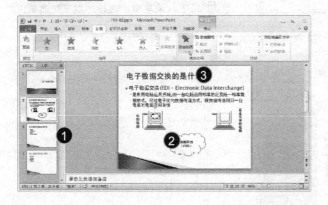

1 选中第 2 张幻灯片；

2 选中幻灯片上的"邮件"图形；

3 单击"动画"选项卡 /"添加动画"下拉按钮；

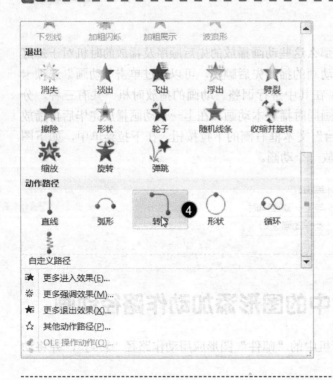

4 在下拉菜单中，选择"动作路径"组的"转弯"选项；

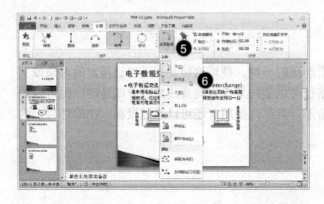

5 添加动画后，单击"动画"选项卡/"效果选项"下拉按钮；

6 在下拉菜单中，选择"右下"选项；

7 完成后的效果如左图所示。

任务 4-3　修改幻灯片中动画的效果和播放时间

在第 2 张幻灯片上，将动画的持续时间设置为"1 秒"，并将该动画设置为"中央向左右展开"。

⇒素材文档：P04-03.pptx

⇒结果文档：P04-03-R.pptx

任务解析

在为幻灯片中某个元素添加了动画之后，还可以进一步设置这个动画的播放时间。动画的播放时间决定了动画的播放速度，时间越长，播放速度就越慢，反之越快。此外，同一个动画效果，也可以对其添加不同的效果选项，例如，"劈裂"的进入动画效果，可以设置为从中心向外展开，也可以设置为从两侧向中心收缩，这种展开或者收缩的方向可以是水平的，也可以是垂直的。

解题步骤

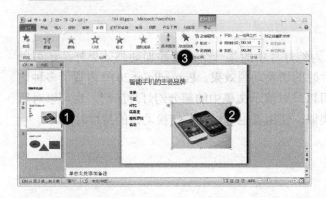

1 选中第 2 张幻灯片；
2 选中幻灯片上的图形；
3 单击"动画"选项卡 /"效果选项"下拉按钮；

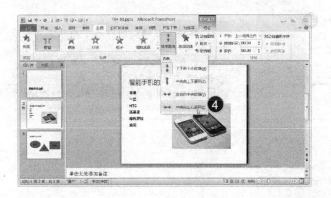

4 在下拉菜单中，选择"中央向左右展开"选项；

⑤ 在"动画"选项卡／"持续时间"文本框中输入"1"（也可以通过右侧的调节钮来调整），完成对动画的修改。

任务 4-4　设置幻灯片的切换声音和切换效果

对第 4 和第 5 张幻灯片应用切换声音"风铃"和切换效果"溶解"。

⇒素材文档：P04-04.pptx

⇒结果文档：P04-04-R.pptx

任务解析

在 PowerPoint 2010 中，除了可以为幻灯片中的某一个元素添加动画效果外，还可以设置从一张幻灯片切换到下一张幻灯片时的切换动画效果。PowerPoint 2010 内置了多种切换的动画效果和声音效果，这些效果可以只对演示文稿中的部分幻灯片应用，也可以对所有幻灯片应用。和页面内元素的动画类似，使用者也可以调整切换动画的持续时间。

解题步骤

① 按住 Ctrl 键，同时选中第 4 张和第 5 张幻灯片；

② 单击"转换"选项卡／"声音文本框右侧的"下拉按钮；

③ 在下拉列表中，选择"风铃"选项；

④ 单击"转换"选项卡／"切换到此幻灯片"组的列表框右侧的"其他"下拉按钮；

248

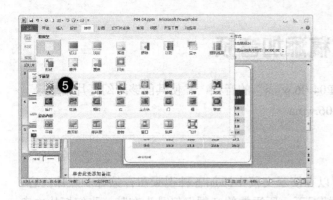

⑤ 在下拉列表中选择"溶解"选项，完成对幻灯片切换方式的修改。

任务 4-5 设置演示文稿的换片方式

设置幻灯片选项，使每张幻灯片在 15 秒后，自动切换。

➡️素材文档：P04-05.pptx

➡️结果文档：P04-05-R.pptx

任务解析

在使用 PowerPoint 2010 播放演示文稿时，幻灯片从一张切换到另外一张有两种方法，一种是手动控制，例如，演讲者在讲完一张幻灯片的内容后，通过单击，可以切换到下一张幻灯片；另一种是将演示文稿设置为自动换片，例如，在某个展览会上，并无人负责播放演示文稿，就需要进行这种设置。这两种换片方式，在一个演示文稿中可以同时存在。如果允许演示文稿自动换片，那么需要指定换片的时间，也就是一张幻灯片在播放多久以后，切换到下一张幻灯片。

解题步骤

① 选中"转换"选项卡/"设置自动换片时间"复选框，在"设置自动换片时间"文本框中输入"15"（可以通过右侧的调节钮调节）；

② 单击"转换"选项卡/"全部应用"按钮，完成换片方式的修改。

任务 4-6 为演示文稿添加音频

在第 1 张幻灯片上，插入名为"P04-06.wma"的音频，并使其能够跨幻灯片播放。

⇒素材文档：P04-06.pptx；P04-06.wma

⇒结果文档：P04-06-R.pptx

任务解析

除了添加动画之外，使用者还可以在演示文稿中添加各种视频和音频等多媒体内容，从而使得演示效果更具吸引力。有些情况下，所添加的音频仅仅是为在某一张幻灯片内表现或者解释某项内容，那么可以将其设置为在这张幻灯片内自动播放或者通过单击时才播放。而在另外一些情况下，例如，演示文稿是为提供给观众自行浏览，并无人讲解，这时可以添加一段音频，作为演示文稿播放过程中的背景音乐，这就需要所添加的声音不局限于某一张幻灯片内。为了达到这种效果，可以将音频设置为跨幻灯片播放。

解题步骤

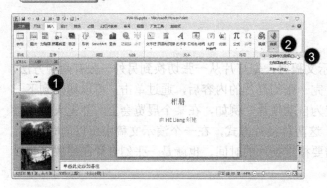

1️⃣ 选中第 1 张幻灯片；
2️⃣ 单击"插入"选项卡 / "音频"下拉按钮；
3️⃣ 在下拉菜单中，选择"文件中的音频"选项；

4️⃣ 在开启的"插入音频"对话框中，打开"P04-06.wma"所在文件夹，并选中该文档；
5️⃣ 单击"插入"按钮；

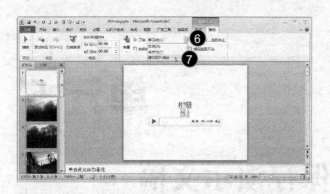

[6] 单击"音频工具:播放"选项卡 /"开始"列表框右侧的下拉按钮；

[7] 在下拉菜单中选择"跨幻灯片播放"选项；

[8] 完成后的效果如左图所示。

单元 5

播放和保存演示文稿

任务 5-1　在放映演示文稿时添加墨迹注释

以幻灯片放映的形式浏览演示文稿。切换到名为"产品范围"的幻灯片，用笔工具圈选文本"智能手机"。结束放映后，保存注释。

⟩⟩ 素材文档：P05-01.pptx
⟩⟩ 结果文档：P05-01-R.pptx

任务解析

在演示文稿的播放过程中，为了增强演说的效果与吸引听众的注意力，演说者可以如同面对一块黑板一样，使用幻灯片的笔工具对幻灯片上的内容进行圈划，称为注释。在演示文稿播放完成后，可以选择是否保留这些注释。如果选择了保留注释，未来可以应用"墨迹书写工具：笔"进行编辑。

解题步骤

❶ 选中第 1 张幻灯片；
❷ 单击"状态栏"的"幻灯片放映"按钮，按 PgDn 键，顺序播放每一张幻灯片；

产品范围
- 个人电脑
- 服务器
- 平板电脑
- 智能手机

3 在播放到标题为"产品范围"的幻灯片后，单击幻灯片左下角的"指针选项"按钮；

4 在开启的菜单中单击"笔"工具，此时光标形状会变为一个红色圆点；

产品范围
- 个人电脑
- 服务器
- 平板电脑
- 智能手机 **5**

ABC公司介绍

5 用"笔"工具圈选文本"智能手机"，然后继续播放演示文稿；

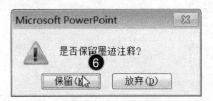

Microsoft PowerPoint

⚠ 是否保留墨迹注释？
6

保留(K)   放弃(D)

6 在演示文稿播放结束后，会开启提示对话框，询问是否保留墨迹注释，直接单击"保留"按钮；

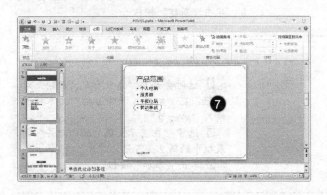

7 完成后的效果如左图所示。

任务 5-2　自定义放映演示文稿

创建一个名为"第一节"的自定义放映，使其只包含第 2～5 张幻灯片。

➡️素材文档：P05-02.pptx

➡️结果文档：P05-02-R.pptx

任务解析

一个演示文稿可能包含多张幻灯片，但有时，可能只需要播放其中的一部分。在这种情况下，并不需要将其他幻灯片删除，然后保存为另外一份副本，而是可以创建一个自定义放映，使其只包含想要播放的幻灯片。在放映演示文稿的时候，只要选择这个自定义放映，就可以只播放特定的幻灯片内容。需要注意的是，自定义放映所包含的幻灯片，可以是原演示文稿中连续的几张幻灯片，也可以是不连续的幻灯片，按住 Ctrl 键不放，可以同时选中多张不连续的幻灯片。

解题步骤

❶ 单击"幻灯片放映"选项卡 / "自定义幻灯片放映"下拉按钮；

❷ 在下拉菜单中选择"自定义放映"选项；

❸ 在开启的"自定义放映"对话框中，单击"新建"按钮；

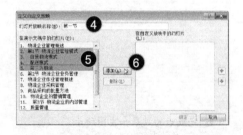

❹ 这时会开启"定义自定义放映"对话框，在"幻灯片放映名称"文本框里输入"第一节"；

❺ 选中"在演示文稿中的幻灯片"列表框中的第 2～5 张幻灯片；

❻ 单击"添加"按钮；

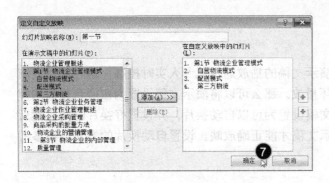

7 添加完自定义放映幻灯片后，单击"确定"按钮；

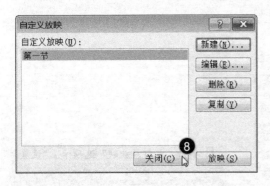

8 单击"关闭"按钮。

相关技能

　　未来如果只需要放映演示文稿"P05-02.pptx"中的第 2 ～ 5 张幻灯片，那么如下图所示，只需要单击"幻灯片放映"选项卡 / "自定义幻灯片放映"下拉按钮，在下拉菜单中单击"第一节"，就可以了。

任务 5-3　设置幻灯片放映类型

　　将演示文稿的放映类型设置为在展台浏览。
　　⇒素材文档：P05-03.pptx

⟩⟩结果文档：P05-03-R.pptx

任务解析

在有些情况下，如在展览会上，演示文稿的播放通常无专人实时控制，这时就需要演示文稿在播放时，能够自动换片和循环播放。那么可以将演示文稿设置为在展台播放的模式。需要注意的是，必须首先将演示文稿设置为可以自动换片，并设置好换片时间，然后再将放映类型设置为在展台播放，演示文稿才能正确放映。设置自动换片的方法，请参考本篇内容的"任务 4-5"。

解题步骤

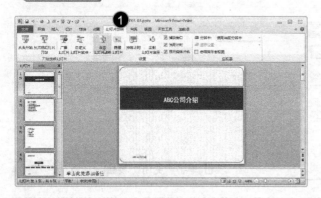

❶ 单击"幻灯片放映"选项卡 /"设置幻灯片放映"按钮；

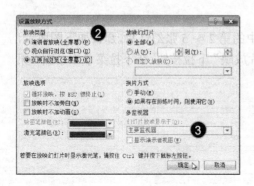

❷ 在开启的"设置放映方式"对话框中，在"放映类型"组选中"在展台浏览(全屏幕)"单选按钮；
❸ 单击"确定"按钮，完成设置。

任务 5-4　打印演示文稿

使用 Adobe PDF 打印机，以每页 4 张幻灯片，水平放置，打印演示文稿的讲义。并使用灰度模式。将 PDF 文档用默认名称保存在默认路径。

⟩⟩素材文档：P05-04.pptx
⟩⟩结果文档：P05-04-R.pdf

任务解析

　　在打印演示文稿时，有多种选择。可以打印幻灯片、演示文稿的大纲、备注页及用讲义模式来打印。在使用讲义模式打印幻灯片的时候，还可以进一步选择每张纸上打印幻灯片的数量及放置的方式。在 PowerPoint 2010 中打印演示文稿，可以选择真实的打印机，将幻灯片打印到纸张上，也可以选择虚拟的打印机，如 Adobe PDF 打印机，将演示文稿虚拟打印为一个 PDF 文档，并保存在指定的文件夹中。

解题步骤

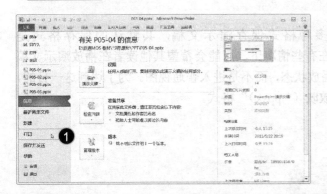

🔳 单击"文件"选项卡 /"打印"子选项卡；

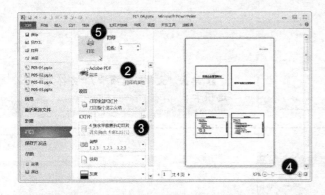

🔳 单击"打印机"下拉按钮，在下拉菜单中选择"Adobe PDF"选项；
🔳 单击"打印版式"按钮，在菜单中选择"4 张水平放置的幻灯片"选项；
🔳 单击"颜色"按钮，在菜单中选择"灰度"选项；
🔳 单击"打印"按钮；

🔳 在开启的"另存 PDF 文件为"对话框中，直接单击"保存"按钮。

任务 5-5 保存演示文稿为自动放映格式

在"文档"文件夹中，将演示文稿保存为名为"ABC 公司介绍"的"PowerPoint 放映"（注意：如果是在 Windows XP 环境下，保存在"我的文档"文件夹中）。

➡ 素材文档：P05-05.pptx
➡ 结果文档：P05-05-R.ppsx

任务解析

PowerPoint 2010 允许使用者以多种格式保存演示文稿，其默认的保存格式是"PowerPoint 演示文稿（*.pptx）"，但在有些情况下，可能会希望其他读者在播放演示文稿时，只要双击演示文稿，就自动进入播放状态，而不是进入普通视图。为了达到这一目的，可以将演示文稿保存为"PowerPoint 放映（*.ppsx）"格式。

解题步骤

❶ 单击"文件"选项卡 /"另存为"子选项卡；

❷ 在开启的"另存为"对话框中，打开"文档"文件夹（在 Windows XP 系统下，此处选择"我的文档"文件夹）；

❸ 在"文件名"文本框中输入"ABC 公司介绍 .ppsx"；

❹ 单击"保存类型"右侧的下拉按钮，在下拉列表中选择"PowerPoint 放映（*.ppsx）"选项；

❺ 单击"保存"按钮。

相关技能

PowerPoint 2010 和 PowerPoint 2003 的文件格式是不同的，如果希望用 PowerPoint 2010 制作的演示文稿在 PowerPoint 2003 下也可以顺利播放，那么可以将演示文稿保存为 "PowerPoint97-2003 演示文稿（*.ppt）" 格式。

单元 6

保护和共享演示文稿

任务 6-1　为幻灯片添加批注

在第 3 张幻灯片上，添加批注"服务器主要面向企业客户！"。

⟹素材文档：P06-01.pptx

⟹结果文档：P06-01-R.pptx

任务解析

在协同工作的环境下，有时需要对他人制作的演示文稿提出意见和建议，或者对自己制作的演示文稿添加一些注释以便他人对演示文稿内容有更好的了解。那么可以选择为演示文稿添加批注。添加批注的对象可以是整张幻灯片或者仅仅是幻灯片中的某一部分文本内容。

解题步骤

❶ 选中第 3 张幻灯片；

❷ 单击"审阅"选项卡／"新建批注"按钮；

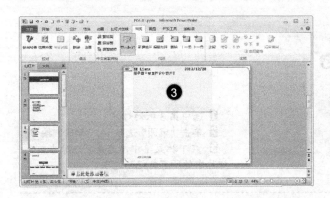

③ 在批注框中输入"服务器主要面向企业用户！"，然后单击幻灯片上任意其他位置；

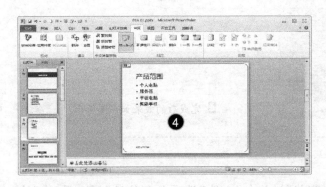

④ 完成后的效果如左图所示。

任务 6-2　删除幻灯片上的批注

在第3张幻灯片上，删除所有批注。

≫素材文档：P06-02.pptx
≫结果文档：P06-02-R.pptx

任务解析

对于演示文稿中的批注，如果不再需要，可以将其删除。删除批注时，可以选择仅删除某一条批注，也可以选择删除整张幻灯片上的批注乃至删除整个演示文稿中的所有批注。

解题步骤

❶ 选中第 3 张幻灯片；
❷ 单击"审阅"选项卡 /"删除"按钮；
❸ 在下拉菜单中，选择"删除当前幻灯片中的所有标记"选项；

❹ 完成后的效果如左图所示。

相关技能

　　要删除演示文稿中的所有批注，还可以通过单击"文件"选项卡 /"信息"子选项卡 /"检查问题"下拉按钮，在下拉菜单中选择"检查文档"选项来完成，如下图所示，在开启的"文档检查器"对话框中，选中"批注和注释"复选框，然后单击"检查"按钮，如果检测到演示文稿中包含批注，可以选择将其全部删除。

任务 6-3　为演示文稿添加属性

　　将自定义属性"用途"添加到演示文稿中，取值为"展览会演示"。

⟹素材文档：P06-03.pptx
⟹结果文档：P06-03-R.pptx

任务解析

文档属性又称为元数据（元数据：用于说明其他数据的数据。例如，文档中的文字是数据，而字数便是元数据），主要作用是描述或标识文件的详细信息。文档属性包括标识文档主题或内容的详细信息，如标题、作者姓名、主题和关键字等。为PowerPoint文档建立了属性之后，就可以轻松地组织和标识文档。此外，还可以基于文档属性搜索文档。

解题步骤

❶ 单击"文件"选项卡/"信息"子选项卡；
❷ 单击右侧的"属性"下拉按钮；
❸ 在下拉菜单中选择"高级属性"选项；

❹ 在开启的"P06-03.pptx 属性"对话框中，单击"自定义"选项卡；
❺ 在"名称"文本框输入"用途"（也可以在下面的列表框中选取）；
❻ 在"取值"文本框输入"展览会演示"；
❼ 单击"添加"按钮，此时会看到刚刚建立的属性已经被添加到下方的属性列表中；

8 单击"确定"按钮。

任务 6-4 加密演示文稿

使用密码"2012"对演示文稿进行加密。

➯素材文档：P06-04.pptx
➯结果文档：P06-04-R.pptx

任务解析

某些情况下，使用者完成的 PowerPoint 文档只需要给指定的用户使用，为了保密起见，可以为演示文稿设置密码，以使仅拥有密码的用户才有权限打开演示文稿。

解题步骤

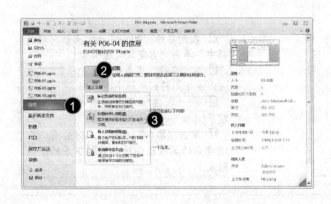

1 单击"文件"选项卡 /"信息"子选项卡；
2 单击"保护演示文稿"下拉按钮；
3 在下拉菜单中选择"用密码进行加密"选项；

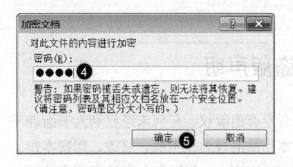

④ 在开启的"加密文档"对话框的"密码"文本框中输入密码"2012";

⑤ 单击"确定"按钮;

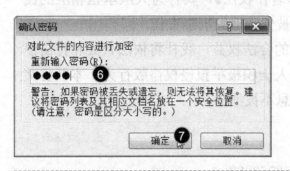

⑥ 在开启的"确认密码"对话框的"重新输入密码"文本框中再次输入密码"2012";

⑦ 单击"确定"按钮;

⑧ 完成后的效果如左图所示。

相关技能

有时仅仅需要将演示文稿保存为只读状态,即只允许其他读者阅读和播放演示文稿,但不允许随意修改其内容,这时可以为演示文稿添加"修改权限密码"而不是"打开权限密码"。添加的方法为单击"文件"选项卡/"另存为"子选项卡,在开启的"另存为"对话框中,单击"保存"按钮左侧的"工具"按钮,在菜单中选择"常规选项"选项,此时会开启"常规选项"对话框,如下图所示,在其中输入"修改权限密码"。

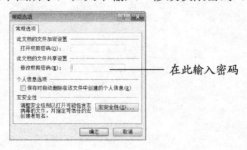

在此输入密码

反侵权盗版声明

电子工业出版社依法对本作品享有专有出版权。任何未经权利人书面许可，复制、销售或通过信息网络传播本作品的行为；歪曲、篡改、剽窃本作品的行为，均违反《中华人民共和国著作权法》，其行为人应承担相应的民事责任和行政责任，构成犯罪的，将被依法追究刑事责任。

为了维护市场秩序，保护权利人的合法权益，我社将依法查处和打击侵权盗版的单位和个人。欢迎社会各界人士积极举报侵权盗版行为，本社将奖励举报有功人员，并保证举报人的信息不被泄露。

举报电话：（010）88254396；（010）88258888

传　　真：（010）88254397

E-mail：　dbqq@phei.com.cn

通信地址：北京市万寿路 173 信箱

　　　　　电子工业出版社总编办公室

邮　　编：100036